大数据
人才培养规划教材

附教学视频

Python基础教程

第一门编程语言

吕云翔／主编　姜峤　孔子乔／副主编

人民邮电出版社
北京

图书在版编目（CIP）数据

Python基础教程 ： 第一门编程语言 ： 附教学视频 /
吕云翔主编. -- 北京 ： 人民邮电出版社, 2018.12（2023.8 重印）
大数据人才培养规划教材
ISBN 978-7-115-49126-8

Ⅰ. ①P… Ⅱ. ①吕… Ⅲ. ①软件工具－程序设计－
教材 Ⅳ. ①TP311.56

中国版本图书馆CIP数据核字(2018)第185253号

内 容 提 要

本书结合了 Python 3.6 的新特性，完全为零基础的初学者量身定做。书中例举大量实例，介绍了 Python 的基本语法、编码规范和一些编程思想。

本书第 1~8 章为 Python 语言基础，主要介绍 Python 的基本用法；第 9 章为一个实战，帮助读者理解前 8 章的知识；第 10~17 章为 Python 的进阶使用，包含面向对象编程、函数式编程入门、文件读写、异常处理、模块和包几个部分；第 18 章为第 2 个实战，帮助读者融会贯通前 17 章的知识，同时抛砖引玉，引起读者探索的兴趣。

本书既可以作为高等院校计算机与软件相关专业的教材，也可以作为软件从业人员、计算机爱好者的学习指导用书。

◆ 主　　编　吕云翔
副 主 编　姜　峤　孔子乔
责任编辑　刘　佳
责任印制　马振武

◆ 人民邮电出版社出版发行　　北京市丰台区成寿寺路 11 号
邮编　100164　　电子邮件　315@ptpress.com.cn
网址　https://www.ptpress.com.cn
北京盛通印刷股份有限公司印刷

◆ 开本：787×1092　1/16
印张：13.25　　　　2018 年 12 月第 1 版
字数：302 千字　　　　2023 年 8 月北京第 5 次印刷

定价：42.00 元

读者服务热线：(010)81055256　印装质量热线：(010)81055316
反盗版热线：(010)81055315
广告经营许可证：京东市监广登字 20170147 号

前 言 FOREWORD

在阅读这本书前，先问自己一个问题：我是出于什么目的学习 Python？

如果一时答不上来这个问题，不妨把它看成选择题，是好玩，还是有用？

如果学 Python 是为了好玩，那么千万不要三天热度。

学习的过程永远不可能一帆风顺，伴随乐趣的同时必然会有坎坷。如果想从中发现源源不断的乐趣，并且不被其中的坎坷所绊倒，那就需要给自己制定一些目标，比如发现一个好玩的研究方向，写一个自己认为有用的小程序等。真正认为学编程好玩的人，能在这条路上走得最远。希望各位都能发现属于自己的乐趣。

如果学 Python 是为有用，为了学习编程，那么不妨想一想自己了解编程是为了什么。

如果是计算机方向从业人员，那么对编程的能力要求会比较高。虽然 Python 不可能包含所有的编程知识，但是学习 Python 可以打开一扇编程之门，后面的道路通往四面八方，读者需要找到自己的位置，明白自己距离目的地还有多远。比如想成为后端工程师，除了掌握一门适合的后端语言，还需要掌握数据库等多项技能。

非计算机方向的从业人员，学习 Python 的时候不要有太多负担，因为学习使用 Python 是为了解编程和使用 Python 这个工具，并不需要达到计算机从业人员的要求。Python 能够带来便捷，这就足够了，在遇到困难的时候不要有过多的纠结，找准自己的需求，放心大胆去学去用。

对于刚刚开始学习编程的初学者，他们有着非常多优秀的语言可以选择，但是笔者推荐选择 Python 作为第一门语言，结合本书边实践边学习。不推荐直接开始学习 C++、Java 等高级语言，原因主要有两条。

第一，Python 实在太先进了。这并不是说 C++、Java 等语言落后于时代，而是说它们对于初学者而言，抽象的概念太多，太深，理解难度大，容易令人丧失兴趣。相比而言，Python 上手要简单许多，因为 Python 本身是一门现代化的语言，它没有历史的包袱，非常人性化，而且是符合人类直觉的。通过学习本书精选的内容，所有初学者都可以顺利学会 Python。

第二，兴趣才是最好的老师。初学编程一定要注意找到自己的兴趣所在。Python 这门语言可以让初学者轻松做到很多有趣的事情而不需要考虑复杂的实现过程，所以它并不会打击学习的积极性，反而能带来很大成就感。本书的内容考虑到了读者的接受能力，仔细按照内容的依赖关系和难度进行了排序。如果 Python 是你学的第一门语言，那么本书再适合不过了，只要从头开始学即可由浅及深，系统地学习 Python 的内容。如果你有一定的基础，那么这本书的简洁性会让你印象深刻。

本书的目标非常明确，就是为初学者量身定做一套以兴趣为导向的 Python 教程，其中包含以下特点。

1. 非常适合初学者：本书针对的是没有学过编程的初学者，内容不但简单明了，而且会将概念的说明减少至最少，从而专注于通过实践去理解。

2. 基于 Python 3.6：要学就学最新的，本书全部基于 Python 3 而且会加入 Python 3.6 才有的一些特性，让读者体会最新版 Python 带来的便捷。

3. 基于实践的理论学习：据笔者了解，很多人学习编程的时候存在一个误区，就是认为书看完了就懂了，结果一动手就抓瞎。正如 Linux 的创始人 Linus Torvalds 所说的："Talk is cheap，show me the code!"在本书的讲解中实践贯穿始终，迫使初学者去动手练习，在书写代码中掌握知识。

4. 习题设计：小练习和两个实战可以帮助初学者将所学的知识融会贯通，并且激发其探索编程领域中其他知识的欲望。

5. 乐趣性：本书不保证处处有趣，但是至少不会处处无聊。

本书的作者为吕云翔、姜峤、孔子乔，曾洪立、吕彼佳、姜彦华参与了部分内容的编写并进行了素材整理及配套资源制作等。

由于编者水平有限，本书难免会有内容的疏漏，恳请广大读者给予批评指正，也希望各位能与我们交流实践过程中获得的经验和心得（yunxianglu@hotmail.com）。

编　者

2018.6.1

目录 CONTENTS

第 1 章 欢迎来到 Python 的世界

在这个信息化的时代，时常能听到这样的问题：

“我不是学编程的，我想入门该从什么学起？”

“我有一些重复性的工作想让机器自动完成，我用什么工具比较好？”

“我听说 Python 很简单，我该从何学起呢？”

……

对于这些问题，并没有唯一的答案，但是选择 Python 一定是一个正确的选择。接下来的介绍文字不是很长，也不是很深奥，如果你拿起这本书的时候也有相同或相似的问题，那么相信读完本章后你心里就会有一个明确的学习方向。

1.1 Python 是什么

1.1.1 Python 是一门语言

Python 是一门语言，但是这门语言跟现在印在书上的中文、英文这些自然语言不太一样，它是为了跟计算机“对话”而设计的，所以相对来说，Python 作为一门语言更加结构化，表意更加清晰简洁。

但是别忘了，在异国的时候，需要一名翻译员来把你的语言翻译成当地语言才能沟通的，想在计算机的国度里用 Python 和系统沟通，也需要一个“解释器”来充当翻译员的角色，在后面的章节中我们就可以看到怎么“请来”这个翻译员。

1.1.2 Python 是一个工具

工具是让完成某件特定的工作更加简单高效的一类东西，比如中性笔可以让书写更加简单，鼠标可以让计算机操作更加高效。Python 也是一种工具，它可以帮助我们完成计算机日常操作中繁杂重复的工作，比如把文件批量按照特定需求重命名，再比如去掉手机通讯录中重复的联系人，或者把工作中的数据统一计算一下等，Python 都可以把我们从无聊重复的操作中解放出来。

1.1.3 Python 是一瓶胶水

胶水是用来把两种物质粘连起来的东西，但是胶水本身并不关注这两种物质是什么。Python 也是一瓶这样的“胶水”。比如现在有数据在一个文件 A 中，但是需要上传到服务器 B 处理，最后存到数据库 C，这个过程就可以用 Python 轻松完成，（别忘了 Python 是一个工具！）而且我们并不需要关注这些过程背后系统做了多少工作，有什么指令被 CPU 执行——这一切都被放在了一个黑盒子中，只要把想实现的逻辑告诉 Python 就够了。

1.2 获取 Python

不同的设备与不同的系统都可快速获得 Python，即使只是手机，也可以体验 Python！

1.2.1 Windows

本节假设使用的是 Windows 10 系统，事实上对于 Windows XP 以后的所有 Windows 系统，操作是完全相同的。

首先打开浏览器，访问 Python 的官方网站 https://www.python.org/，如图 1-1 所示。将鼠标指针移动到 Downloads 上就会出现一个下拉框，选择 Python 3.x.x 下载即可，本书以 Python 3 为基础。

图 1-1 Python 官方网站

如果需要其他版本的话，也可以去 https://www.python.org/downloads/windows/选择自己喜欢的版本，但是一般来说我们只要选择最新的版本就可以了。接下来就以 Python 3.6.4 的安装为例。

图 1-2 所示的是 Python 安装器启动后的界面。

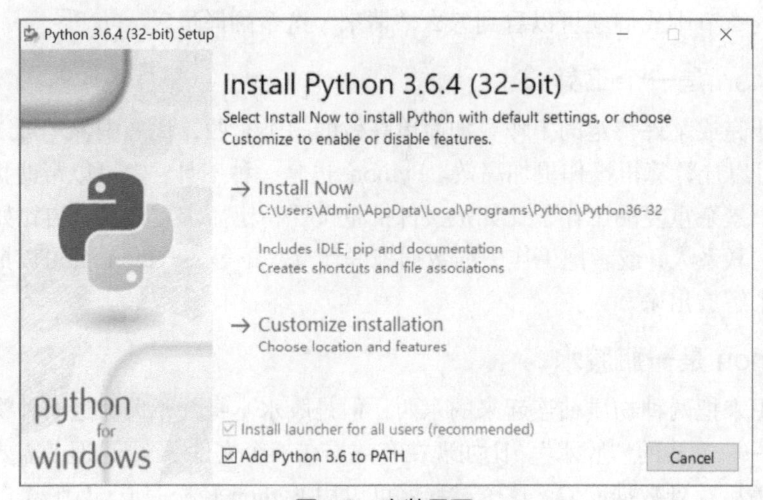

图 1-2 安装界面

这里请勾上“Add Python 3.6 to PATH”，方便之后直接在命令行使用，然后进入如

图 1-3 所示的 Python 的安装过程。

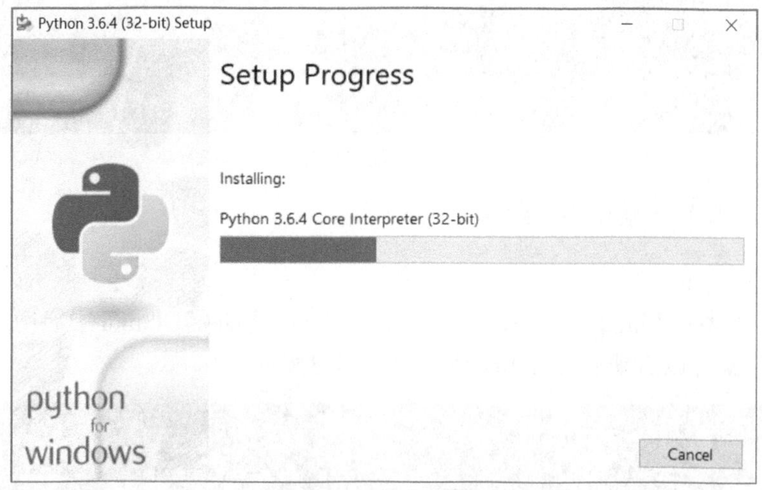

图 1-3　安装过程

直到出现图 1-4 所示的界面就说明安装完成了。

Python 的"翻译员"与其他软件有些区别，为了启动这个"翻译员"我们需要先启动一个命令提示符，这里方便起见我们直接按下组合键 Win+R 调出运行，然后输入"cmd"来启动它，如图 1-5 所示。

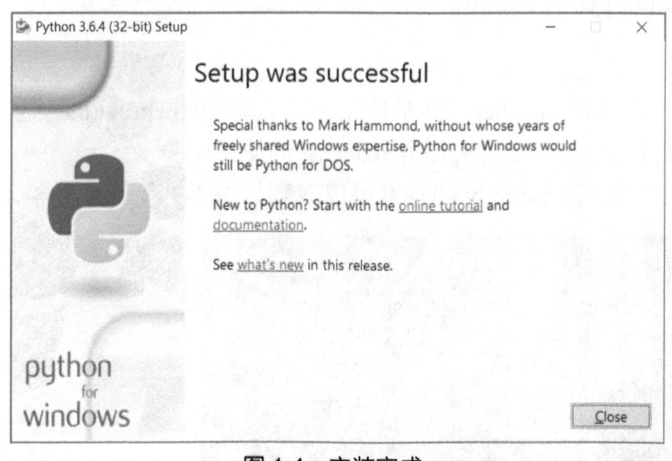

图 1-4　安装完成

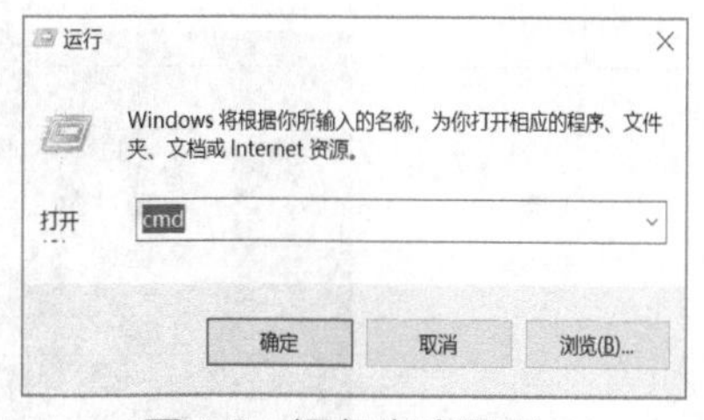

图 1-5　运行启动界面

选择"确定"后就可以看到命令提示符了，如图 1-6 所示。

图 1-6　命令提示符的启动页面

接下来就是请出这位"翻译员"了，只要输入"py"即可，启动后结果如图 1-7 所示。

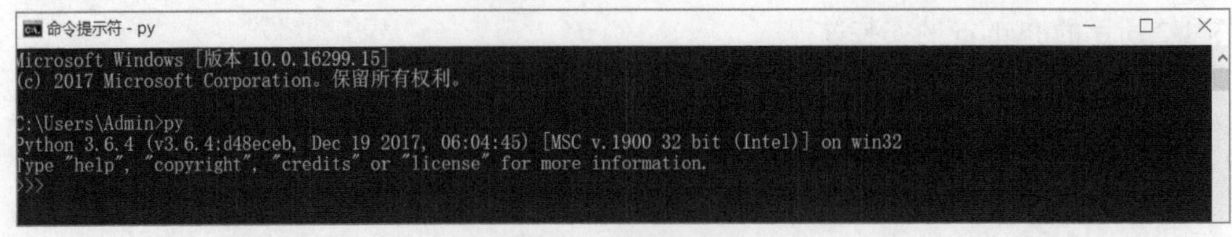

图 1-7　启动 Python

如果看到这些输出就说明“翻译员”安装完成了。

1.2.2　Linux

实际上绝大多数 Linux 发行版已经自带了 Python，比如在 Ubuntu 中启动终端后只要输入“python3”就可以启动 python 解释器，如图 1-8 所示。

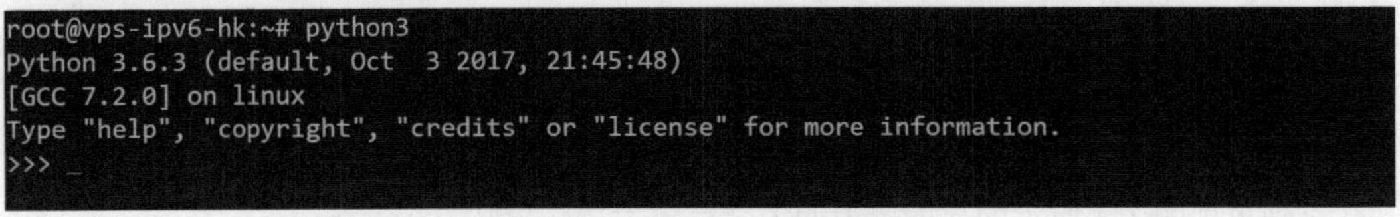

```
root@vps-ipv6-hk:~# python3
Python 3.6.3 (default, Oct  3 2017, 21:45:48)
[GCC 7.2.0] on linux
Type "help", "copyright", "credits" or "license" for more information.
>>> _
```

图 1-8　Ubuntu 下的 Python

如果系统中没有安装 Python 的话，可以用相应的包管理器来安装，比如 Debian 系列 Linux 发行版使用 apt-get install python3，Fedora 系列 Linux 发行版使用 yum install python3，Arch 系列 Linux 发行版使用 Pacman -S python3 即可。

1.2.3　macOS

在 macOS 下最好不要直接使用官网的 Installer，而是使用一款名为 Homebrew 的包管理器。对于所有 mac 用户来说，Homebrew 可以大大提升 macOS 的使用体验。

首先我们需要获取 Homebrew，打开 Homebrew 的官网可以看到如图 1-9 所示的内容。

图 1-9　Homebrew 官方网站

按照官网提示的操作，先复制中间的一行指令。

然后我们使用 SpotLight 打开终端，只要按下 Command + Space 组合键就可以看到如图 1-10 所示样式的搜索框。

Homebrew
Spotlight Search

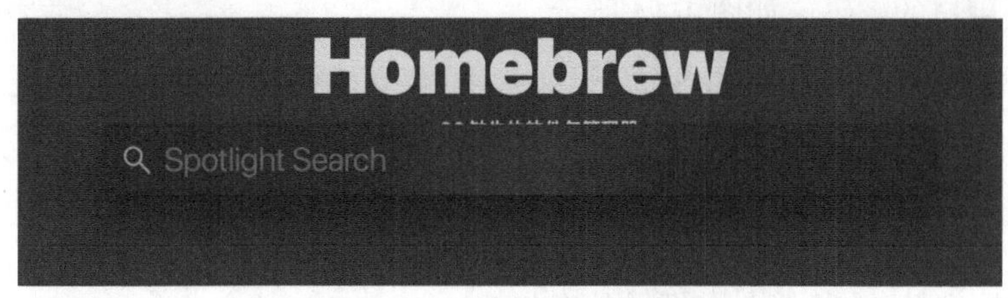

图 1-10　SpotLight 搜索框

接下来在这个输入框中输入“Terminal”，如图 1-11 所示，可以看到第一个选项就是终端。

Homebrew
terminal
TOP HITS
Terminal
iTerm
DEVELOPER
termui.py
termios.h
termios.h
termios.h
termios.h
termios.h
DEFINITION
ter-
FOLDERS
values-te-rIN
IMAGES
terminal_screenshot.png
Terminal
Version: 2.8.2
Kind Application
Size 9.7 MB
Created 2017/10/11
Modified 2018/3/30
Last opened 2018/4/17

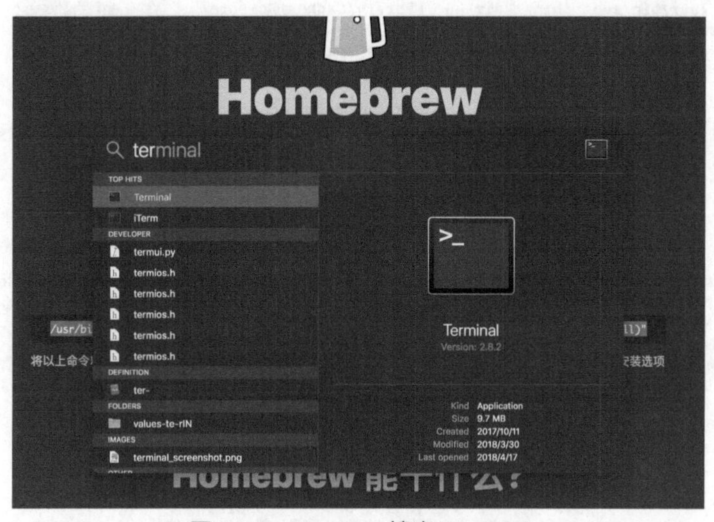

图 1-11　SpotLight 搜索 Terminal

按下回车键，终端就会启动，可以看到图 1-12 所示的白色窗口。

jiangjiao — bash /Users/jiangjiao — bash — 80×24
bash-3.2$

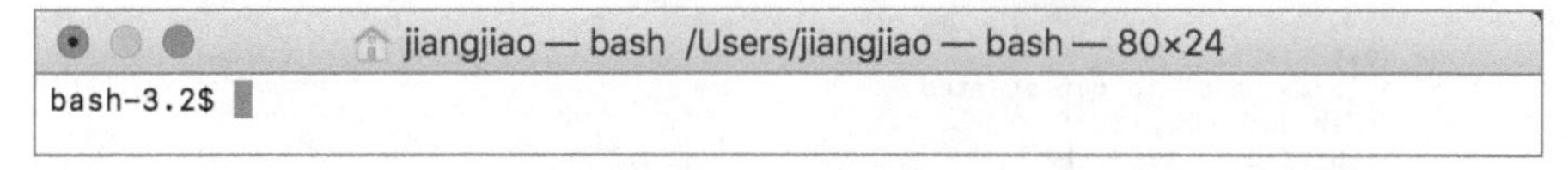

图 1-12　终端窗口

把刚才复制的指令粘贴进去回车执行，然后会暂停在图 1-13 所示的这一步。

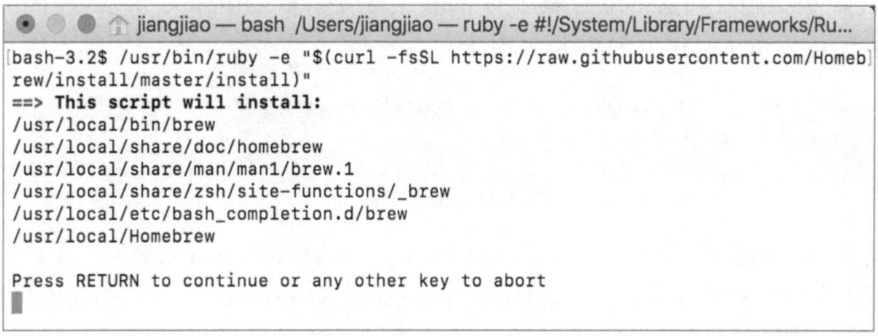

jiangjiao — bash /Users/jiangjiao — ruby -e #!/System/Library/Frameworks/Ru...
bash-3.2$ /usr/bin/ruby -e "$(curl -fsSL https://raw.githubusercontent.com/Homeb
rew/install/master/install)"
==> This script will install:
/usr/local/bin/brew
/usr/local/share/doc/homebrew
/usr/local/share/man/man1/brew.1
/usr/local/share/zsh/site-functions/_brew
/usr/local/etc/bash_completion.d/brew
/usr/local/Homebrew
Press RETURN to continue or any other key to abort

图 1-13　安装 Homebrew

这里的意思是 Homebrew 会在这些目录下进行安装，如果继续安装就按下回车键，否则按下其他任何键取消安装。这里只要正常按下回车键就可以了，然后程序会第 2 次暂停，因为需要输入用户的密码，如图 1-14 所示。

```
jiangjiao — bash  /Users/jiangjiao — sudo ◂ ruby -e #!/System/Library/Framewo...
bash-3.2$ /usr/bin/ruby -e "$(curl -fsSL https://raw.githubusercontent.com/Homeb
rew/install/master/install)"
==> This script will install:
/usr/local/bin/brew
/usr/local/share/doc/homebrew
/usr/local/share/man/man1/brew.1
/usr/local/share/zsh/site-functions/_brew
/usr/local/etc/bash_completion.d/brew
/usr/local/Homebrew

Press RETURN to continue or any other key to abort
==> /usr/bin/sudo /bin/mkdir -p /Library/Caches/Homebrew
Password:
```

图 1-14　输入密码

输入密码后再按回车，稍等一段时间后就可以看到“Installation successful!”的字样，表示安装完成，如图 1-15 所示。

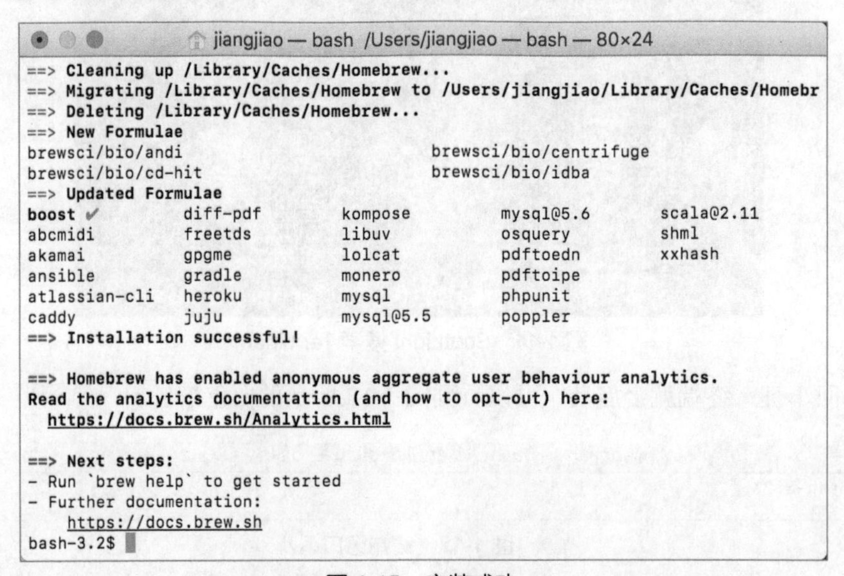

图 1-15　安装成功

接下来我们就利用 Homebrew 来安装 python，只要在终端中输入“brew install python3”就可以开始安装 python 了，如图 1-16 所示。

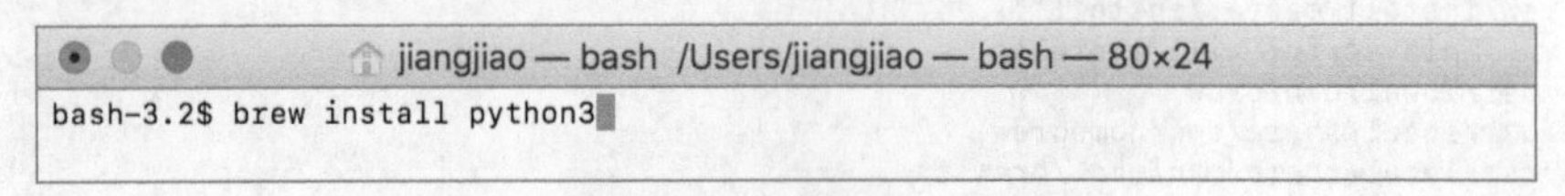

图 1-16　安装 Python

稍等一段时间后看到图 1-17 所示的 Summary，就说明 Python 安装完成了。

然后我们继续在终端中输入“python3”就可以启动 python 了，它的输出和 Windows 上基本一致，如图 1-18 所示。

```
jiangjiao — bash  /Users/jiangjiao — bash — 80×24
==> /usr/local/Cellar/python/3.6.5/bin/python3 -s setup.py --no-user-cfg install
==> Caveats
Python has been installed as
  /usr/local/bin/python3

Unversioned symlinks `python`, `python-config`, `pip` etc. pointing to
`python3`, `python3-config`, `pip3` etc., respectively, have been installed into
  /usr/local/opt/python/libexec/bin

If you need Homebrew's Python 2.7 run
  brew install python@2

Pip, setuptools, and wheel have been installed. To update them run
  pip3 install --upgrade pip setuptools wheel

You can install Python packages with
  pip3 install <package>
They will install into the site-package directory
  /usr/local/lib/python3.6/site-packages

See: https://docs.brew.sh/Homebrew-and-Python
==> Summary
  /usr/local/Cellar/python/3.6.5: 4,705 files, 99.4MB
bash-3.2$
```

图 1-17　安装完成

```
jiangjiao — bash  /Users/jiangjiao — Python — 80×24
bash-3.2$ python3
Python 3.6.4 (default, Mar 30 2018, 06:41:53)
[GCC 4.2.1 Compatible Apple LLVM 9.0.0 (clang-900.0.39.2)] on darwin
Type "help", "copyright", "credits" or "license" for more information.
>>>
```

图 1-18　启动 Python

看到这个界面即表示安装成功。

1.2.4　Android

在 Android（安卓）上用到的是一款终端模拟软件 termux，获得这个 App 的方法很多，推荐从酷安等应用市场快速获取，如图 1-19 所示。

图 1-19　酷安 termux 页面

然后我们只要启动 termux 并且输入“pkg install -y python”即可，注意这个过程要保证网络通畅，安装过程如图 1-20 所示。

```
Mailing list:    termux+subscribe@groups.io

Search packages:   pkg search <query>
Install a package: pkg install <package>
Upgrade packages:  pkg upgrade
Learn more:        pkg help
$ pkg install -y python
Get:1 https://termux.net stable InRelease [1687 B
]
Get:2 https://termux.net stable/main all Packages
 [4676 B]
Get:3 https://termux.net stable/main aarch64 Pack
ages [61.4 kB]
Fetched 67.7 kB in 4s (15.2 kB/s)
Reading package lists... Done
Building dependency tree... Done
All packages are up to date.
Reading package lists... Done
Building dependency tree... Done
The following additional packages will be install
ed:
  gdbm libbz2 libcrypt libffi libsqlite libutil
  ncurses-ui-libs
The following NEW packages will be installed:
  gdbm libbz2 libcrypt libffi libsqlite libutil
  ncurses-ui-libs python
0 upgraded, 8 newly installed, 0 to remove and 0
not upgraded.
Need to get 5885 kB of archives.
After this operation, 23.8 MB of additional disk
space will be used.
Get:1 https://termux.net stable/main aarch64 gdbm
 aarch64 1.14.1 [50.4 kB]
Get:2 https://termux.net stable/main aarch64 libb
z2 aarch64 1.0.6-1 [22.9 kB]
Get:3 https://termux.net stable/main aarch64 libc
rypt aarch64 0.2 [7148 B]
Get:4 https://termux.net stable/main aarch64 libf
fi aarch64 3.2.1-2 [6004 B]
Get:5 https://termux.net stable/main aarch64 libs
qlite aarch64 3.22.0 [283 kB]
13% [5 libsqlite 127 kB/283 kB 45%]
```

图 1-20　安装过程

然后输入“python”我们就看到了熟悉的启动页面，如图 1-21 所示。

```
Selecting previously unselected package libcrypt.
Preparing to unpack .../2-libcrypt_0.2_aarch64.de
b ...
Unpacking libcrypt (0.2) ...
Selecting previously unselected package libffi.
Preparing to unpack .../3-libffi_3.2.1-2_aarch64.
deb ...
Unpacking libffi (3.2.1-2) ...
Selecting previously unselected package libsqlite
.
Preparing to unpack .../4-libsqlite_3.22.0_aarch6
4.deb ...
Unpacking libsqlite (3.22.0) ...
Selecting previously unselected package libutil.
Preparing to unpack .../5-libutil_0.3_aarch64.deb
 ...
$ python
Python 3.6.4 (default, Jan  7 2018, 03:52:16)
[GCC 4.2.1 Compatible Android Clang 5.0.300080 ]
on linux
Type "help", "copyright", "credits" or "license"
for more information.
>>>
```

图 1-21　启动 Python

至此我们就可以在安卓手机上写 Python 了。

1.2.5　iOS

iOS 的 App Store 上有一个专门用于写 Python 的 App，如图 1-22 所示。

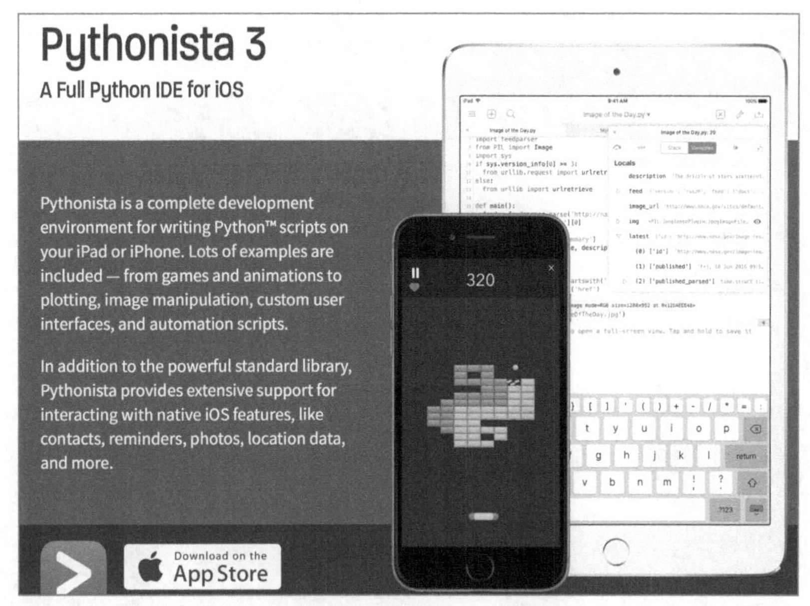

图 1-22　Pythonista 3 界面

Pythonista 是一个完整的 Python 集成开发环境，拥有非常全面的 Python 库支持，还有特殊的键盘用于书写代码。唯一的缺点就是它是一款付费软件。如果的确需要在 iOS 上开发 Python 程序的话，可以考虑购买。

1.3 初试 Python

从上一节最后一步开始，我们就已经可以开始写 Python 了。

现在看到的是 Python 的“交互式解释器”，它就好比翻译员中的口译者，每说一句它就会翻译一句。也就是说在这里写的所有 Python 代码都会被立即执行然后返回结果。

下面以 Python 实现计算器的基本功能为例，我们看一看为什么说 Python 是一个工具。

注意“#”以后的内容（包括#本身）是代码的注释部分，对代码的执行没有影响，仅仅是为了方便说明，不输入不会对代码的执行造成任何影响，这对于后面的章节也是一样的。

首先打开 Windows 10 自带的计算器，如图 1-23 所示，可以看到它提供了实数范围内的加减乘除以及平方开方取倒数功能，接下来我们就用 Python 来实现相应的功能。

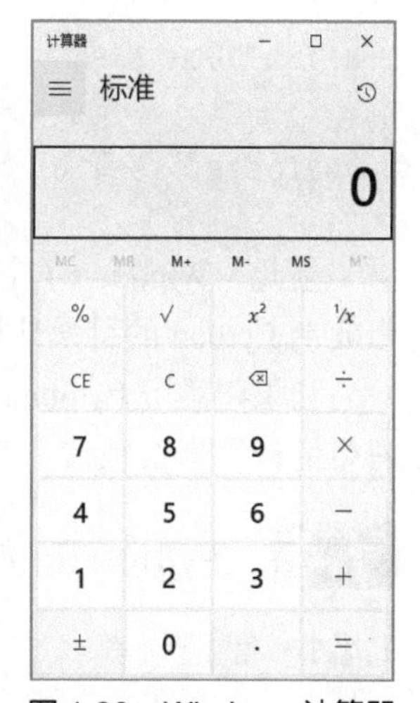

图 1-23　Windows 计算器

实现基本的加减法的代码如下：

```
>>> 1 + 1  # 整数
2
>>>  99999999999999999999999999999999 + 99999999999999999999999999999999999999
# 很大也没关系
100000099999999999999999999999999999998
```

```
>>> 1.0 + 9.5  # 浮点数
10.5
>>> 1 - 900000000.5  # 实数运算
-899999999.5
>>>
```

实现乘除法的代码如下：

```
>>> 5 * 9  # 乘法
45
>>> 9 / 5  # 除法
1.8
>>> 9 // 5  # 两个斜杠表示整除
1
>>> 9 % 5  # 取模
4
>>> 5 * 9.5  # 只要是实数就可以
47.5
>>>
```

实现幂运算的代码如下：

```
>>> 2**10  # 2 的 10 次方
1024
>>> 2**0.5  # 根号 2
1.4142135623730951
>>> 2**-0.5  # 根号 2 分之一
0.7071067811865476
>>>
```

至此，Windows 自带的这个计算器标准模式下所有计算功能都可以用 Python 完成了。事实上 Python 的科学计算功能远不止这些，这里只是展示了最基本的运算功能。

如果熟悉了 Python 的语法之后把 Python 当作计算器的话，输入速度肯定要比 Windows 自带的计算器快很多，这就是 Python 的魅力所在。

1.4 Python 的优点

1.4.1 简洁优美

Python 有许多方便的内置函数，同时还有强大的标准库可以用来快速实现想法。与 C 系语言相比，要实现相同的逻辑和功能，Python 写起来一般要简洁的多。更关键的是，Python 拥有很多现代化的编程思想和技术，再搭配上适当的语法糖（Syntactic Sugar），写出的 Pythonic 的代码是非常赏心悦目的。

比如刚才利用 Python 快速实现的计算器功能，如果用 C++来写的话肯定是没有 Python 简洁的。

1.4.2　上手简单

有这样一个事实："Python 已经成为美国主流大学最受欢迎的入门编程语言"，这从一个侧面证明了 Python 是容易学习的。此外 Python 的交互式解释器"所见即所得"的模式对于初学者来说也是极具鼓舞性的，再加上刚才已经提到的"简洁优美"的优点，让 Python 的学习摆脱了 C 系语言很多刻板的用法和条条框框，这同样降低了学习的门槛。总之，Python 拥有非常友好的语法和非常低的学习门槛。

1.4.3　应用广泛

Python 得益于其优秀的特性，在各种领域上都有广泛的应用，比如很多网站就在使用 Python 处理数据，一些科学计算的任务也经常由 Python 来充当，包括近些年大火的机器学习首选的语言也是 Python，可以说 Python 已经渗透到了我们日常生活的方方面面。

1.4.4　平台独立

在上面获取 Python 的小节可以看到，无论是什么设备什么系统都有 Python 的存在，这就意味着在一个平台上写的 Python 代码几乎不用修改就能移植到另一个平台上。正如 Java 的"Write once，Runs everywhere"的特性一样，Python 的平台独立性为移植节省了大量的精力。

1.5　Python 的应用

学习总是需要有一个明确的目标的，了解目前 Python 的具体应用领域可以帮助我们确定学习的方向，提供学习的动力。

（1）科学计算：对于数学物理计算，Python 有诸如 SciPy、NumPy 等等计算库，而且 Python 本身也支持高精度计算，用于处理数据是非常方便的。

（2）自动控制：Python 可以用于做自动控制。例如在物联网开发中，Python 可以借助 PySerial 直接对物联网硬件的串口进行操作，进而替代 C/C++去完成较复杂的业务，省去了大量的开发时间。

（3）系统集成：刚才已经提到，Python 是一瓶胶水，这意味着 Python 与多种其他语言有接口，所以其可以轻易地调用其他语言写好的库。对于一个由多种语言编写的系统，Python 可以方便地将其整合。

（4）网络爬虫：Python 结合 Requests、BeautifulSoup、PyQuery、Selenium 可以做出优秀的网络爬虫，也可以用于模拟用户操作浏览器，实现自动化测试。

（5）机器学习：知名的机器学习框架 Caffe、Torch、TensorFlow、Theano 都有 Python 封装，其中 TensorFlow 和 Theano 还有一个优秀的 Python 封装叫 Keras。现在有大量的机器学习项目都是使用 Python 作为胶水语言，或者直接用 Python 去训练神经网络，所以如果想要加入深度学习行业，Python 是必须要掌握的。

（6）网站建设：Python 也常常被用来开发网站，比如知乎（www.zhihu.com）和豆瓣（www.douban.com）的后端处理程序都是用 Python 完成的。

从这些应用中不难看出，Python 是一门充满活力和发展前景的语言。

小结

在这里我想用Python的一个彩蛋来总结这一章，只要在交互式解释器中输入import this就可以看到这个菜单，而这段诗正是Python的设计理念。

```
bash-3.2$ python3
Python 3.6.3 (default, Oct  4 2017, 06:09:38)
[GCC 4.2.1 Compatible Apple LLVM 9.0.0 (clang-900.0.37)] on darwin
Type "help", "copyright", "credits" or "license" for more information.
>>> import this
The Zen of Python, by Tim Peters

Beautiful is better than ugly.
Explicit is better than implicit.
Simple is better than complex.
Complex is better than complicated.
Flat is better than nested.
Sparse is better than dense.
Readability counts.
Special cases aren't special enough to break the rules.
Although practicality beats purity.
Errors should never pass silently.
Unless explicitly silenced.
In the face of ambiguity, refuse the temptation to guess.
There should be one-- and preferably only one --obvious way to do it.
Although that way may not be obvious at first unless you're Dutch.
Now is better than never.
Although never is often better than *right* now.
If the implementation is hard to explain, it's a bad idea.
If the implementation is easy to explain, it may be a good idea.
Namespaces are one honking great idea -- let's do more of those!
>>>
```

这段英文的翻译如下：

```
Python 之禅
Tim Peters

优美胜于丑陋（Python 以编写优美的代码为目标）
明了胜于晦涩（优美的代码应当是明了的，命名规范，风格相似）
简洁胜于复杂（优美的代码应当是简洁的，不要有复杂的内部实现）
复杂胜于凌乱（如果复杂不可避免，那代码间也不能有难懂的关系，要保持接口简洁）
扁平胜于嵌套（优美的代码应当是扁平的，不能有太多的嵌套）
间隔胜于紧凑（优美的代码有适当的间隔，不要奢望一行代码解决问题）
```

```
可读性很重要（优美的代码是可读的）
即便假借特例的实用性之名，也不可违背这些规则（这些规则至高无上）
不要包容所有错误，除非你确定需要这样做（精准地捕获异常，不写 except:pass 风格的代码）
当存在多种可能，不要尝试去猜测
而是尽量找一种，最好是唯一一种明显的解决方案（如果不确定，就用穷举法）
虽然这并不容易，因为你不是 Python 之父（这里的 Dutch 是指 Guido）
做也许好过不做，但不假思索就动手还不如不做（动手之前要细思量）
如果你无法向人描述你的方案，那肯定不是一个好方案；反之亦然（方案测评标准）
命名空间是一种绝妙的理念，我们应当多加利用（倡导与号召）
```

所以 Python 作为尚未接触过编程的初学者的第一门语言有着以下无法取代的优势。

（1）语法简单清晰。

（2）没有晦涩难懂的概念。

（3）简短的代码可以实现复杂的逻辑。

（4）所见即所得，非常具有鼓舞性，容易形成正反馈。

（5）用最简单易懂的方式解释编程语言相通的一些概念。

习题

1．使用 Python 命令行交互程序，计算简单加减法。

2．使用 Python 命令行交互程序，计算带有括号优先级的算式。

3．选择一个你认为有趣的 Python 应用，查阅相关资料，了解它都能做什么。

4．先不去学习具体的使用，寻找你认为有趣的 Python 应用的 Demo（示例），并尝试运行。

第 2 章 写 Python 代码的工具

02 扫码看视频

俗话说磨刀不误砍柴工，在真正接触到 Python 代码前，我们不如先来挑选一个合适的工具来帮助我们更有效率地书写代码。

本章会介绍一些常见的写 Python 代码的方式，希望读者在读完本章后能找到一个最适合自己的工具。

2.1 交互式解释器

在第 1 章中我们已经见过什么是"交互式解释器"了，如图 2-1 所示，现在让我们一起重新认识一下这个界面。

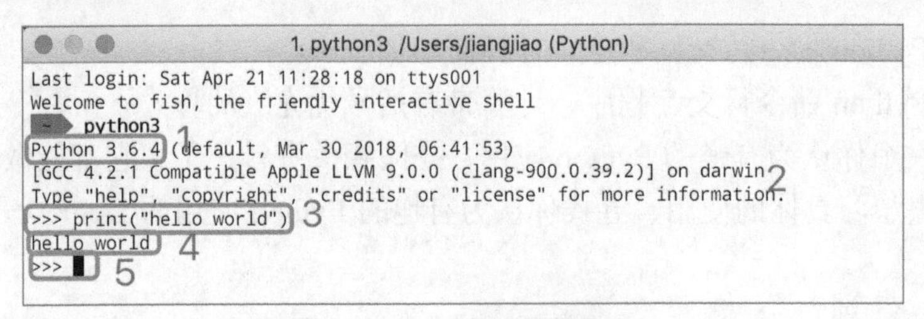

图 2-1　交互式解释器界面

（1）这是当前正在使用的 Python 版本，这里是 3.6.5。

（2）这两行是更详细的 Python 二进制程序的信息，以及使用提示。

（3）左边的>>>是交互式解释器的提示符，表示可以在它后面输入代码。右边是刚刚输入的代码，只要按下回车这一行代码就会被执行。

（4）是刚才输入的代码运行的结果，注意它的前面没有>>>。

（5）是一个新的>>>，后面光标闪烁表示可以在这里输入新的代码。

界面中的其他内容与 Python 的学习关系不太大，在学习的初期阶段不用关注。

交互式解释器 Python 安装包中自带，启动非常快，占用 CPU 和内存都很少，代码运行所见即所得，这是它的优点。但是与此同时，交互式解释器没有代码提示，没有代码高亮，没有行数提示，没有代码保存，没有自动缩进，这些统统都是致命的缺点，所以它只适合写一些非常简单的脚本或者用来测试库的接口等等，完全不适合用来开发。

2.2 IPython

交互式解释器有很多不足之处，但是如果我们依旧希望每输入一句代码立刻就能返回结果，并且在享受交互式解释器的种种优点的同时避免其缺点，那么 IPython 就是我们的救星。

我们先来看看 IPython 官网是怎么介绍的，如图 2-2 所示。

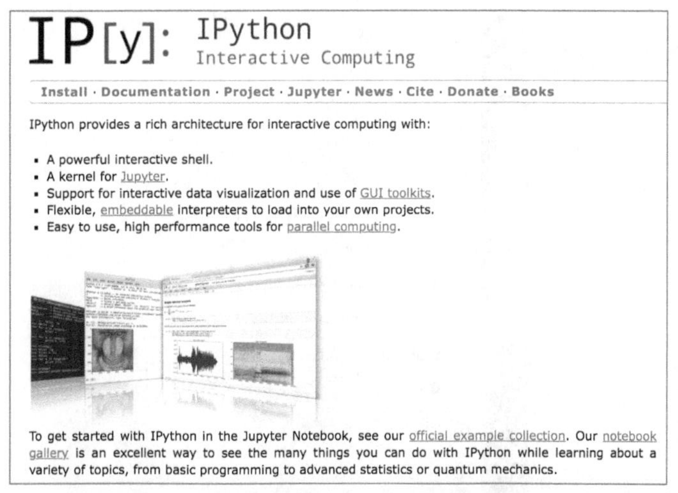

图 2-2　IPython 官网介绍

下面简单翻译一下官网中介绍的特点。

- 一个强大的交互式终端。
- 使用了 Jupyter 的内核。
- 支持交互式数据可视化和 GUI 工具。
- 将灵活、可嵌入的解释器放到你的项目中。
- 使用简单，性能优秀。

IPython 的安装很简单，这里我们用 Python 强大的包管理器 pip 来安装它，我们会在下一章中更加详细地学习它，这里只要跟着用就可以了。

由于 pip 在 Windows 上安装包的时候需要管理员权限，所以我们需要一个管理员命令提示符。如果使用的是 Windows 7 或者 Windows 10，可以简单地把鼠标指针移到开始菜单那个 Windows 徽标处，在按右键出来的菜单中选择命令提示符（管理员）即可，如图 2-3 所示。

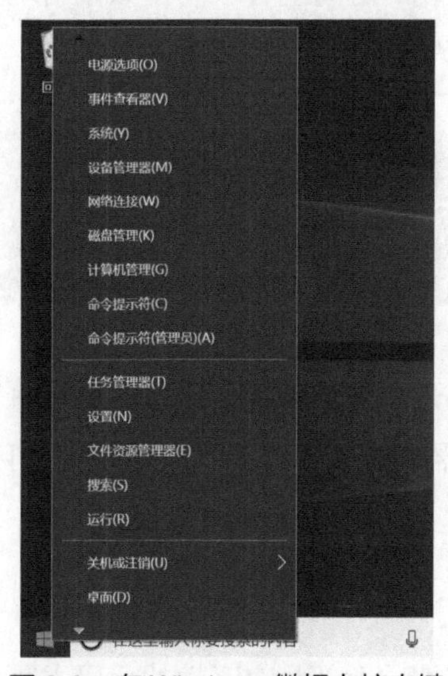

图 2-3　在 Windows 徽标上按右键

或者在 Windows 10 中也可以按图 2-4 所示来启动。

图 2-4　Windows 10 直接通过搜索栏启动

在 Linux 下需要一个 root 权限终端或者在指令前加上 sudo 并输入用户密码，而在 macOS 中可以像前文中提到的一样用 SpotLight 启动终端，这里就不再赘述了。

接下来我们在启动的终端里输入"pip3 install ipython"，即可看到图 2-5 所示的安装过程。

图 2-5　安装 IPython

根据网络状况的不同，安装的时间也会不同，如果出现问题可以再试一次。安装完成后我们只要在终端内输入"ipython"就可以启动 IPython 了，如图 2-6 所示。

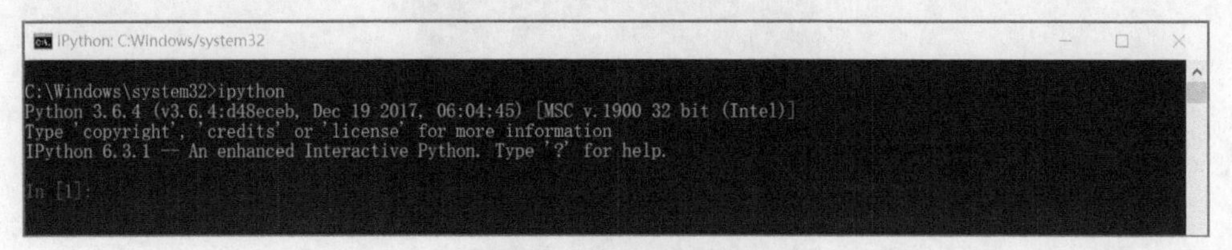

图 2-6　启动 IPython

IPython 是在 Python 原生交互式解释器的基础上，提供了诸如代码高亮，代码提示等功能，完美弥补了交互式解释器的不足，如果不是用来做项目只是写一些小型的脚本的话，IPython 应该是首选。

2.3　IDLE

刚才介绍的两款工具其实本质上都是交互性的代码书写工具，但是我们如果要做一个项目用起来就不太合适了——我们需要对项目文件进行管理，也需要调试功能，同时也不需要那么多无用的返回值输出，而这时候就需要一个集成开发环境了。

集成开发环境是什么呢？ 集成开发环境（Integrated Development Environment，IDE）是一种辅助程序开发人员开发软件的应用软件，在开发工具内部就可以辅助编写源代码文本、并编译打包成为可用的程序，有些甚至可以设计图形接口。

也就是说，IDE 的作用就是把跟写代码有关的东西全部打包一起，方便程序员的开发。实际上 Python 在安装的时候就自带了一个简单的 IDE，可以从图 1-2 看到默认安装中是包含了 IDLE 的。

在 Windows 10 下我们可以通过直接搜索 IDLE 来启动，如图 2-7 所示。

图 2-7　启动 IDLE

对于其他的 Windows 系统，可以在开始菜单中找到 Python 的文件夹，从中选中 IDLE 并启动。

如图 2-8 所示，我们马上就看到了熟悉的界面，这跟用命令提示符启动的交互式解释器的显示是完全一样的。

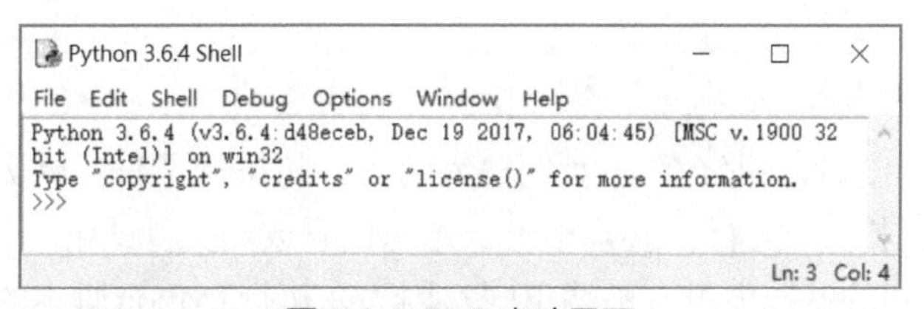

图 2-8　IDLE 启动界面

这就是所谓的集成，如果仔细观察上面的菜单栏可以看到 IDLE 还有文件编辑和调试功能。接下来通过一个简单的例子我们来快速熟悉一下 IDLE 的基本使用和一些 Python 的基础知识。

我们首先在 IDLE 中输入以下两句代码，和交互式解释器一样可以立即得到输出，如图 2-9 所示。

```
Python 3.6.4 Shell
File  Edit  Shell  Debug  Options  Window  Help
Python 3.6.4 (v3.6.4:d48eceb, Dec 19 2017, 06:04:45) [MSC v.1900 32 bit (Intel)
] on win32
Type "copyright", "credits" or "license()" for more information.
>>> 1245 * 10
12450
>>> print(1245 * 10)
12450
>>>
Ln: 7  Col: 4
```

图 2-9　在 IDLE 中执行代码

这里出现了一个没见过的名字——print 和一种不同的语法，不用担心，这里只要知道 print(...)会把括号中表达式的返回值打印到屏幕上就行了。

接下来我们选择 File→New File 建立一个新文件，输入同样的两行代码，注意输入 “print(” 后就会出现相应的代码提示，而且全部输入后 print 也会被高亮，这就是 IDE 的基本功能之一，如图 2-10 所示。

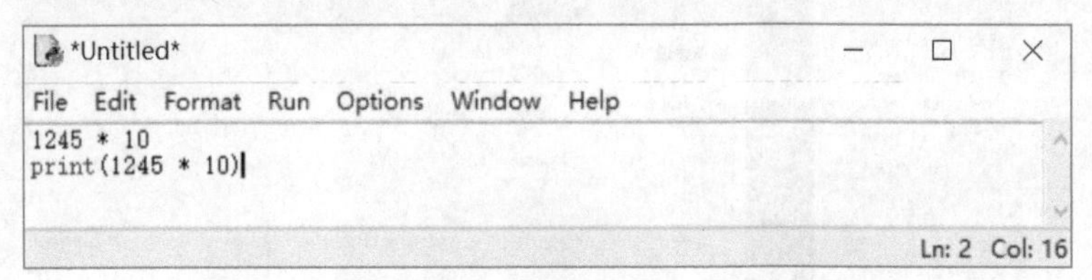

图 2-10　在 IDLE 中输入代码

然后我们选择 Run→Run Module 来运行这个脚本，这时候会提示保存文件，选择任意位置保存后再运行可以得到如图 2-11 所示的结果。

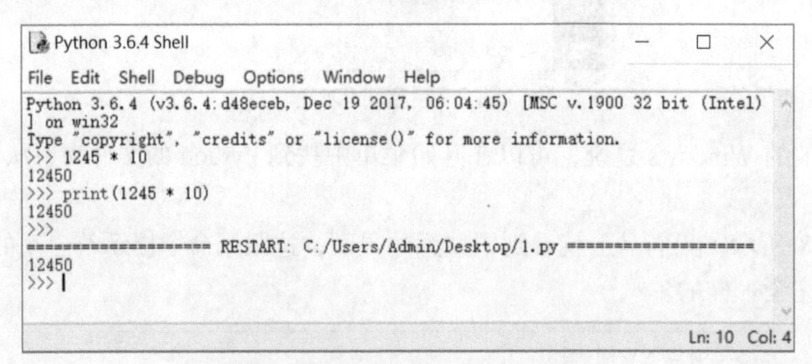

图 2-11　执行脚本

竟然只有一个 12450！那么刚才我们输入的第一句执行了吗？事实是的确执行了，因为对于 Python 脚本来说，运行一遍就相当于每句代码放到交互式解释器里去执行。

那为什么第一句的返回值没有被输出呢？因为在执行 Python 脚本的时候返回值是不会被打印的，除非用 print(...)要求把某些数值打印出来，这是 Python 脚本执行和交互式解释器的一点区别。

当然这个过程也可以通过命令行完成，比如保存文件的路径是 C:\Users\Admin\Desktop.py\1.py，我们只要在命令提示符中输入 python C:\Users\Admin\Desktop.py\1.py 就可以执行这个 Python 脚本，这跟在 IDLE 中 Run Module 是等价的，如图 2-12 所示。

图 2-12　在命令提示符中执行

除了直接执行脚本，很多时候我们还需要去调试程序，IDLE 同样提供了调试的功能，如图 2-13 所示。我们在第 2 行上单击鼠标右键可以选择 Set Breakpoint 设置断点。

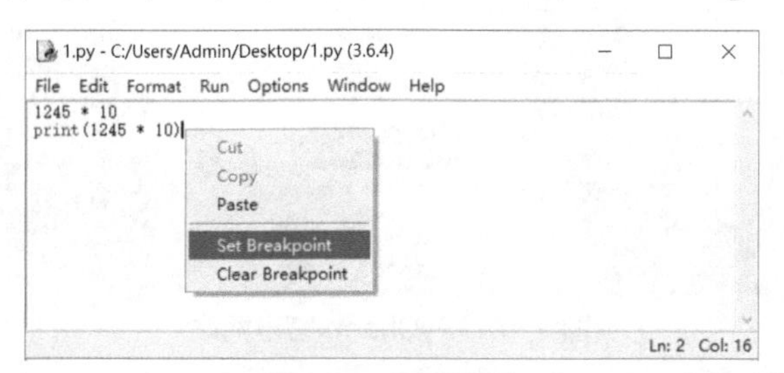

图 2-13　设置断点

然后我们先选择 IDLE 主窗口的 Debug→Debugger 启动调试器，再选择文件窗口的 Run→Run Module 运行脚本，这时候程序很快就会停在有断点的一行，如图 2-14 所示。

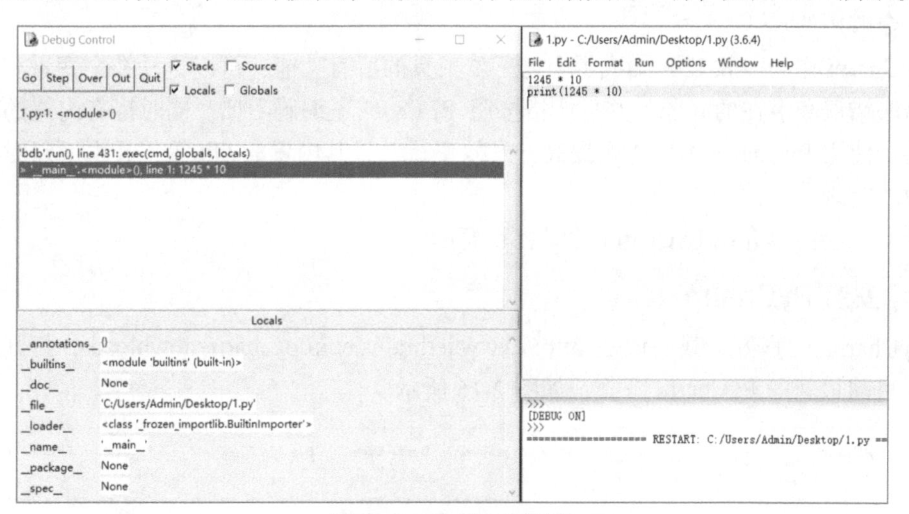

图 2-14　在第 2 行暂停

接下来我们可以在 Debug Control 中点击 Go 继续执行，也可以单击 Step Over 步过，也可以查看调用堆栈，还可以查看各种变量数值等。如果代码变长，变复杂，这样调试就是一种非常重要的排除程序问题的方法。

总体来说，IDLE 基本提供了一个 IDE 应该有的功能，但是其项目管理能力几乎没有，比较适合单文件的简单脚本开发。

2.4 PyCharm

如果说之前介绍的 IDLE 是一把“小刀”，那么 PyCharm 就是 IDE 中的“瑞士军刀”，图 2-15 所示的是 PyCharm 的官方网站。

图 2-15　PyCharm 官方网站

PyCharm 是一款由 JetBrains 开发的优秀 IDE，它具有专业版和社区版两个版本。其中，专业版功能全面强大，但是社区版本是开源免费的。如果有一个合法的 edu 邮箱的话，可以通过 JetBrains 提供的学生优惠渠道免费获得专业版，不过社区版提供的功能大部分时候也是完全够用的。

PyCharm 作为一款 IDE 集成了上述三款工具的所有功能：可以自动补全变量和函数，提示语法错误和潜在的问题，并且严格按照 PEP8 纠正编码习惯，同时也有内置的交互式解释器。使用 PyCharm 可以大幅提高开发效率，并且其内置的 Git 等工具也可以对项目进行有效的管理。

接下来会简单介绍 PyCharm 的安装和简单使用。

2.4.1　安装 PyCharm

PyCharm 的官方下载地址是 http://www.jetbrains.com/pycharm/download/，打开后就可以看到目前最新的 PyCharm 下载，如图 2-16 所示。

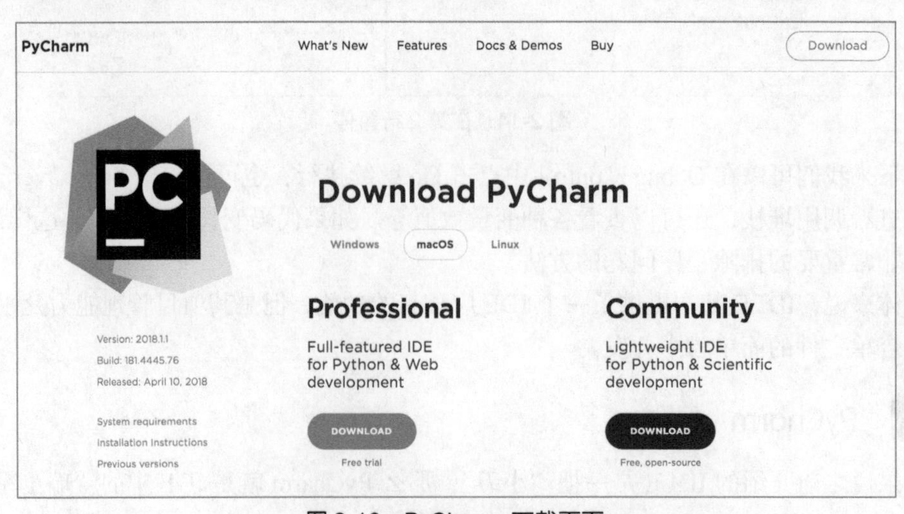

图 2-16　PyCharm 下载页面

一般来说，右边的社区版提供的功能已经足够我们学习使用了，确认系统选择无误后点击 Download 就可以获得相应的安装包。

不同操作系统平台安装方式有些许区别，但是都很简单。对于 Windows，一路单击“下一步”即可完成安装；对于 macOS，只要将程序从 dmg 镜像中拖曳到 Applications 目录即可完成安装；对于 Linux 来说，下载的安装包中自带了一个非常详细的安装说明，相信对各位 Linuxer 来说安装不是问题，这里不再赘述了。

2.4.2 初始化 PyCharm

第一次启动 PyCharm 的时候会提示一个导入之前版本设置的提示，如图 2-17 所示。

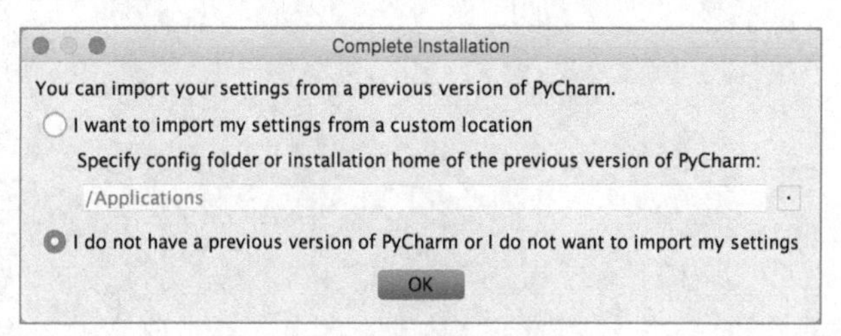

图 2-17 第一次启动

如果之前用过 PyCharm，有自己的自定义设置，可以选择第 1 个选项导入，否则就选择第 2 个使用默认配置。

接下来，PyCharm 就启动了。我们会来到这样一个界面，如图 2-18 所示。

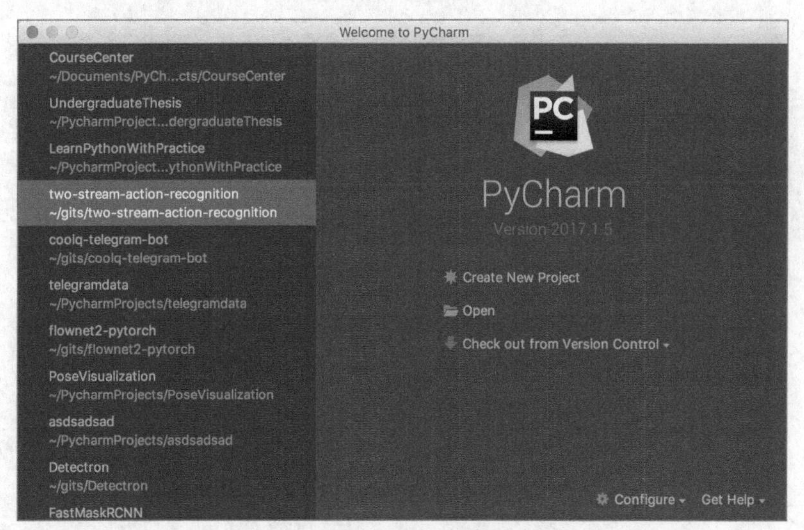

图 2-18 欢迎界面

如果 PyCharm 是全新安装的，那么就不会有左侧的历史项目记录。

2.4.3 创建第一个项目

我们选择图 2-18 右侧的 Create New Project，就会看到图 2-19 所示的界面，然后将路径里的 untitled 改成项目的名字，例如“LearnPythonWithPractice”。

如果第 2 行中 PyCharm 没有自动定位到 Python 解释器或者版本不是 3.6+，可以参考第 1 章中的说明重新安装 Python。

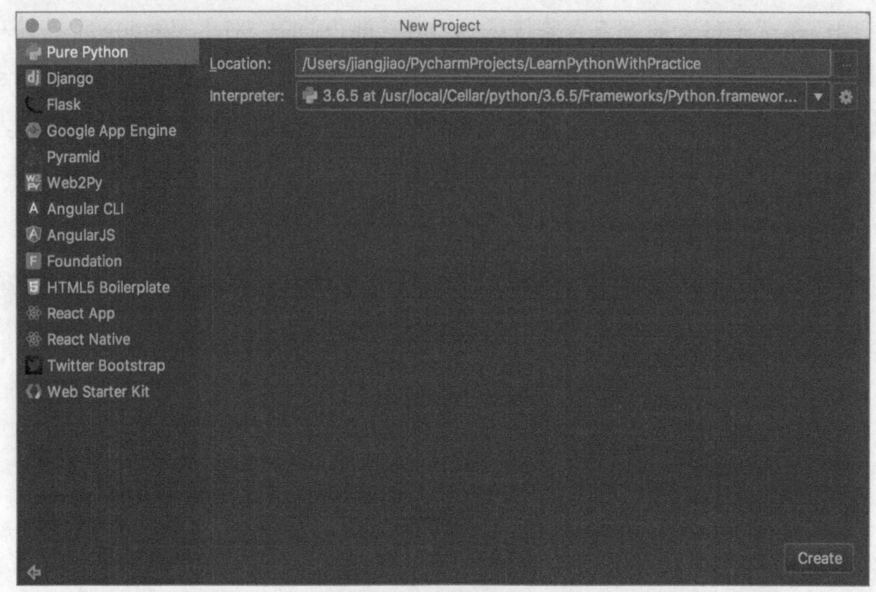

图 2-19 创建项目

选择“Create”，项目就创建出来了，初始界面如图 2-20 所示。

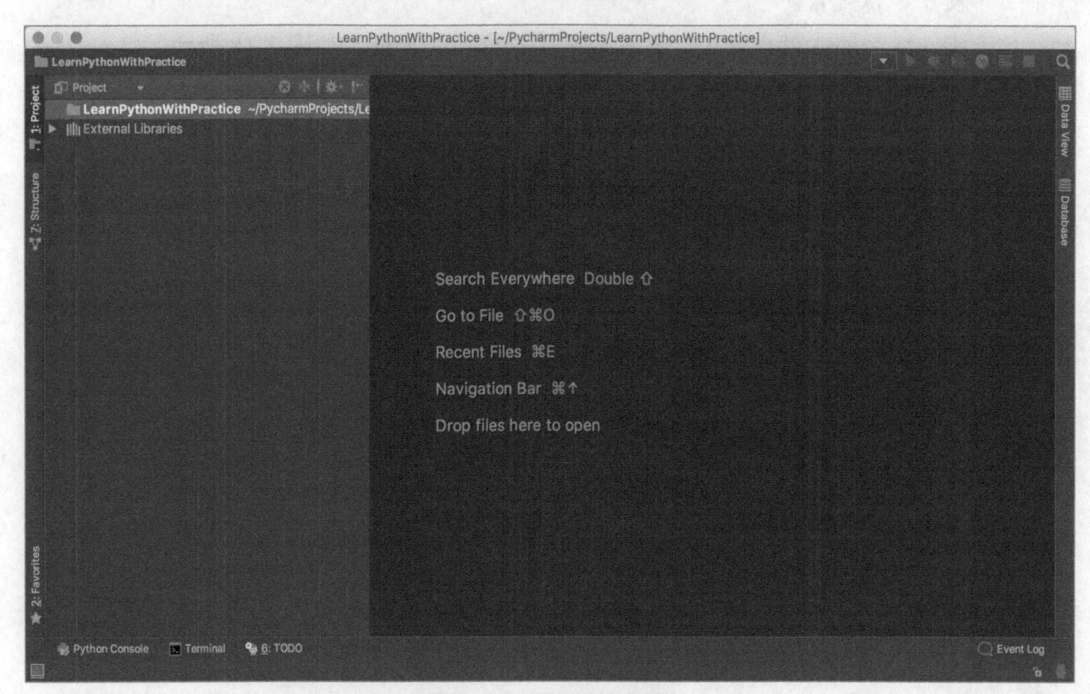

图 2-20 项目初始界面

现在项目是空的，我们可以先创建一个子目录，在 LearnPythonWithPractice 上单击右键，在弹出的菜单中选择 New→Directory 即可，如图 2-21 所示。

然后就会弹出如图 2-22 所示的窗口。

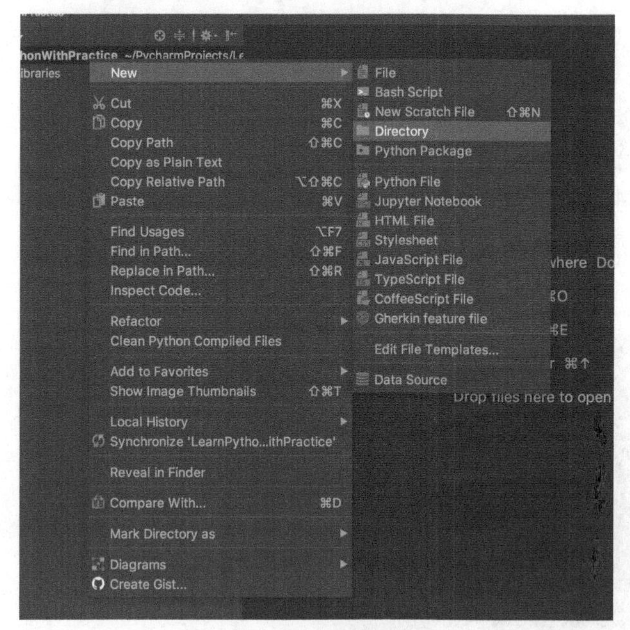

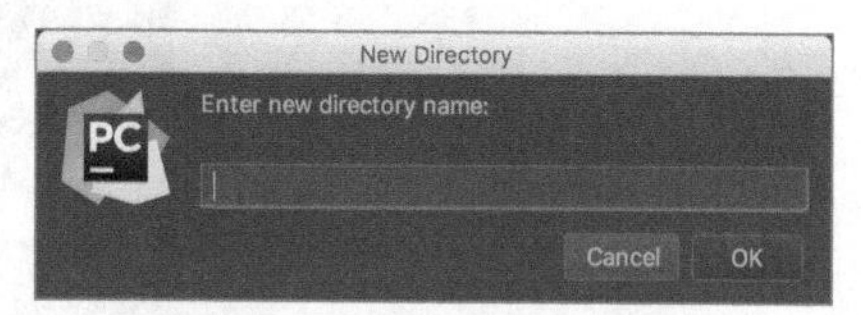

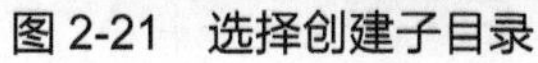
图 2-21　选择创建子目录

图 2-22　创建子目录界面

输入目录名后选择“OK”，我们就会看到左侧 LearnPythonWithPractice 下多了一个子目录。

用同样的方式，我们在这个目录里创建一个 Python 文件，这次我们选择 New 菜单中的“Python File”，如图 2-23 所示。

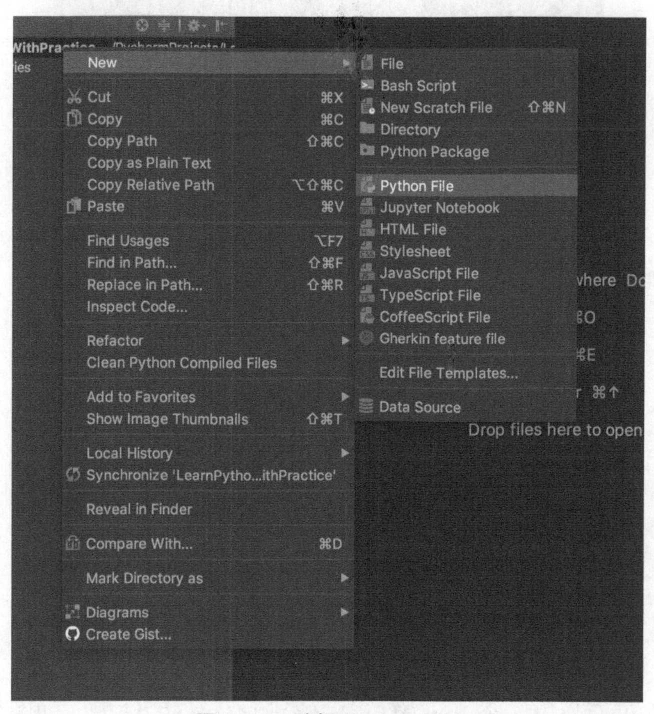

图 2-23　选择 Python File

接下来会弹出一个类似的窗口，如图 2-24 所示。

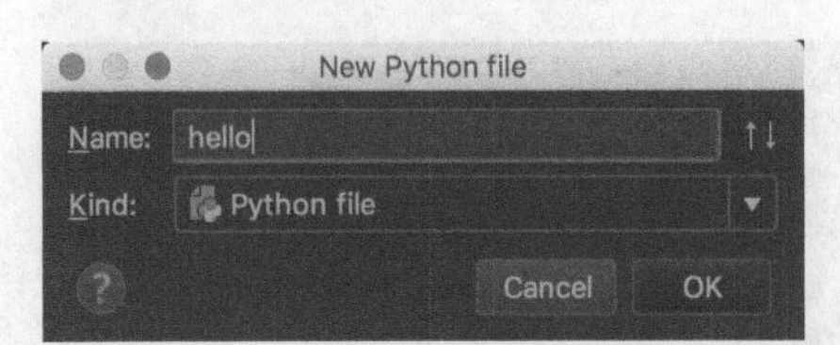

图 2-24 命名 Python 脚本

然后就会得到一个空的 Python 文件，我们输入 print("Hello World!") 就可以看到代码高亮，如图 2-25 所示。

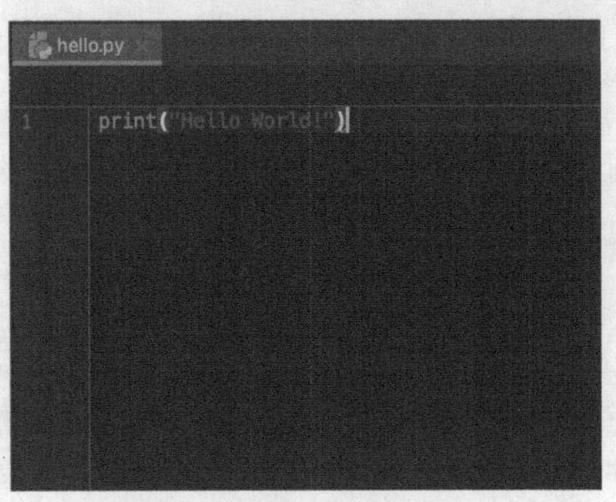

图 2-25 输入 Hello World

为了运行这个脚本，我们在当前页面上右击，在弹出的菜单中选择 Run 'hello'，如图 2-26 所示。

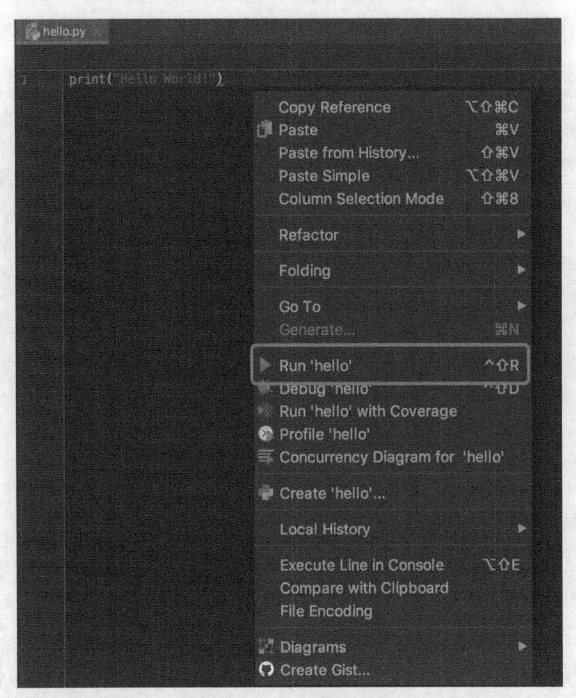

图 2-26 右键菜单

PyCharm 会在下面弹出一个 Run 窗口来显示脚本运行的结果，如图 2-27 所示。

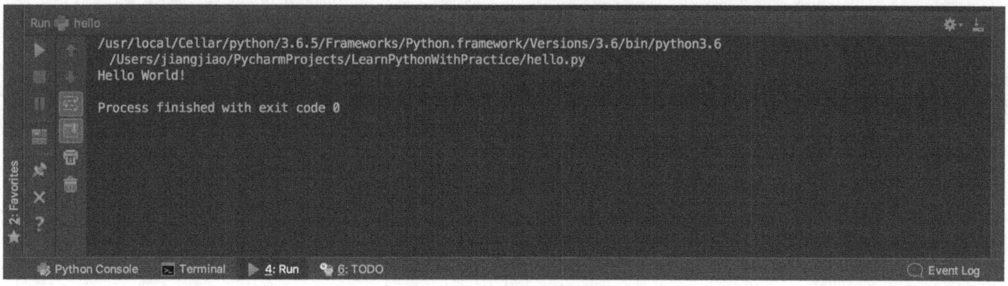

图 2-27　运行结果

其中第 1 行表示在终端中实际执行的指令，我们不用关心。第 2 行为程序的输出，之后隔了一行输出程序运行完成的返回值，为 0 表示没有任何错误，程序正常结束。

现在，就可以用 PyCharm 自由地写代码了。

小结

PyCharm 功能这么全面，那么是不是我们只要直接用 PyCharm 就万事大吉了？不一定的。对于不同的任务，应该用不同的工具完成，比如第 1 章提到的简单计算器功能，直接用交互式解释器最快最方便，但是如果脚本稍微复杂一点，那么有代码提示的 IPython 毫无疑问就是更好的选择了。如果我们还需要保存代码和计算后的数据，那么这时候就要用上 IDLE 或者 PyCharm 了。总之，工具是用来解决问题的，不是用来攀比的。

当然，什么工具都不妨碍接下来的学习，选择一款趁手的工具我们继续来学习 Python 吧！

习题

1. 安装 PyCharm，练习创建项目等流程。
2. 修改 Hello World 例程，使其输出你想要的结果。
3. 通过多个 print 语句，输出多行的内容。

第3章 强大的包管理器 pip

03 扫码看视频

包管理器是什么？如果是常年使用 Windows 的人可能闻所未闻，但是在编程领域常见的 Linux 系统生来就伴随着包管理器。它是如此的重要，以至于我们要花一章去学习什么是包，以及为什么专门要用包管理器去管理它。

本章会从包和包管理器的概念和必要性出发，介绍 Python 中的包管理器 pip。

3.1 包

在介绍包管理器前，先明确一个概念，什么是“包”？

我们假设有这种场景：A 写了一段代码可以连接数据库，B 现在需要写一个图书馆管理系统，要用 A 这段代码提供的功能，由于代码重复向来是程序员讨厌的东西，所以 A 就可以把代码打包后给 B 使用来避免重复劳动，在这种情况下 A 打包后的代码就是一个包，同时我们也说这个包是 B 程序的一个依赖项。简单来说，包就是发布出来的具有一定功能的程序或代码库，它可以被别的程序使用。

3.2 包管理器

包的概念看起来简单无比，只要 B 写代码的时候通过某种方式找到 A 分发的包就行了，然后 B 把这个包加到了自己的项目中，却无法正常使用……哦，A 写这个包的时候还依赖了 C 的包！于是 B 不得不再费一番周折去找 C 发布的包，然而却因为版本不对应仍然无法使用，B 又不得不浪费时间去配置依赖关系……

在真正的开发中，包的依赖关系很多时候可能会非常复杂，人工去配置不仅容易出错而且往往费时费力，在这种需求下包管理器就出现了，但是包管理器的优点可远不止这一点。

（1）节省搜索时间：很多网龄稍微大一点的人可能还记早些年百花齐放的“XXX 软件站”——相比每个软件都去官网下载，用这样的软件站去集中下载软件往往可以节省搜索的时间。包管理器也是如此，所有依赖都可以通过同一个源下载，非常方便。

（2）减少恶意软件：刚才其实已经提到了，在包管理器中还有一个很重要的概念是“源”，也就是所有下载的来源。一般来说只要采用可信的源，就可以完全避免恶意软件。

（3）简化安装过程：如果经常在 Windows 下使用各种各样的 Installer 的话，大部分人可能已经厌倦于点“我同意”“下一步”“下一步”“完成”这种毫无意义的重复劳动，而包管理器可以一键完成这些操作。

（4）自动安装依赖：正如一开始所说，依赖关系是一种非常令人头疼的问题，有时候在 Windows 上运行软件弹出类似“缺少 xxx.dll，因此程序无法运行”的错误就是依赖缺失导致的，而包管理器就很好地处理了各种依赖项的安装。

（5）有效版本控制：在依赖关系里还有一点就是版本的问题，比如某个特定版本的包可能需要依赖另一个特定版本的包，而现在要升级这个包，依赖的包的版本该怎么处理呢？不用担心，包管理器会处理好一切。

所以在编程的领域，包管理器一直是一个不可或缺的工具。

3.3 pip

Python 之所以优美强大，优秀的包管理功不可没，而 pip 正是集上述所有优点于一身的 Python 包管理。

但是这里有一个问题，正如我们之前看到的那样，Python 有很多版本，对应的 pip 也有很多版本，仅仅用 pip 是无法区分版本的。所以为了避免歧义，在命令行使用 pip 的时候可以用 pip 3 来指定 Python 3.x 的 pip，如果同时还有多个 Python 3 版本存在的话，那么还可以进一步用 pip 3.6 来指明 Python 版本，这样就解决了不同版本 pip 的问题。

我们先启动一个命令提示符，然后输入“pip 3”就可以看到默认的提示信息，如图 3-1 所示。

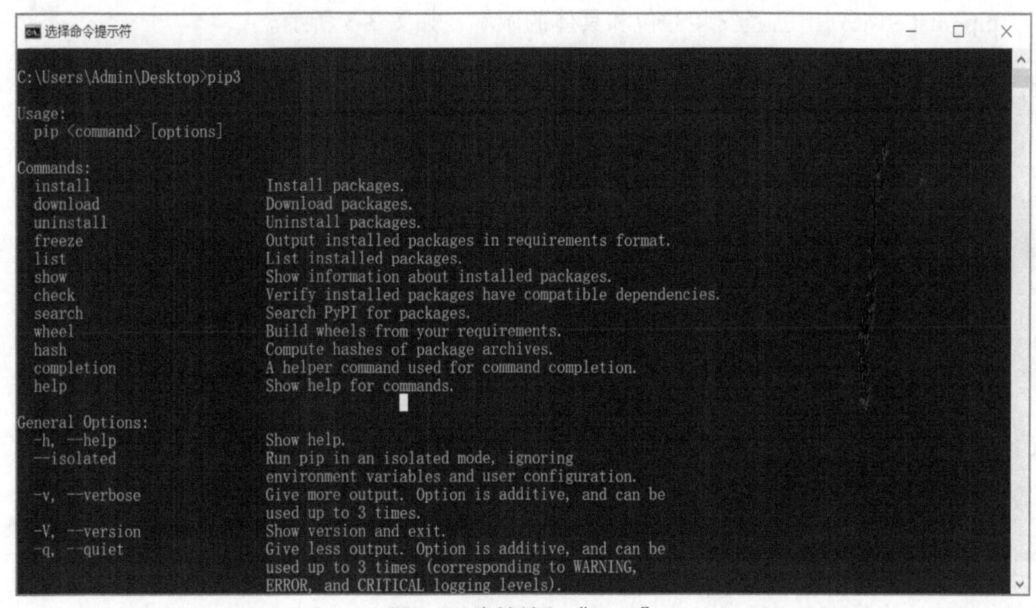

图 3-1 直接输入“pip 3”

这里对常见的几个 pip 指令进行介绍。

3.3.1 pip3 search

pip3 search 用来搜索名字中或者描述中包含指定字符串的包，比如这里输入“pip3 search numpy”，就会得到图 3-2 所示的一个列表。其中左边一列是具体的包名和相应的最新版本，稍后安装的时候就指定这个包名；而右边一列是简单的介绍。由于 Python 的各种包都是在不断更新的，所以这里实际显示的结果可能会与书上有所不同。

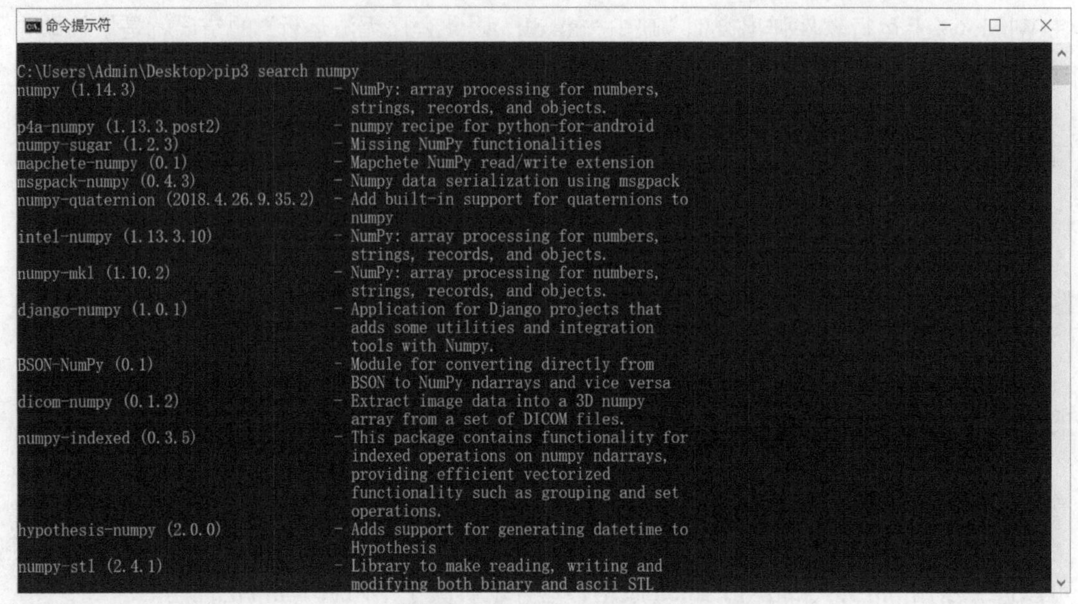

图 3-2 pip3 search numpy

3.3.2 pip3 list

pip3 list 用来列出已经安装的包和具体的版本，如图 3-3 所示。

图 3-3 pip3 list

3.3.3 pip3 check

pip3 check 用来手动检查依赖缺失问题，当然可能会有人质疑：之前不是讲包管理器会自动处理好一切吗，为什么还要手动检查呢？依旧是考虑一个实际场景，比如现在包 A 依赖包 B，同时包 B 依赖包 C，这时候用户卸载了包 C，对于包 A 来说依赖是满足的，但是对于 B 来说就不是了，所以这时候就需要一个辅助手段来检查这种依赖缺失。由于我们还没有装过很多包，所以现在检查一般不会有缺失的依赖，如图 3-4 所示。

图 3-4　pip3 check

3.3.4　pip3 download

pip3 download 用来下载特定的 Python 包，但是不会安装，这里以 numpy 为例，如图 3-5 所示。

```
命令提示符 - pip3 download numpy
C:\Users\Admin\Desktop>pip3 download numpy
Collecting numpy
  Downloading https://files.pythonhosted.org/packages/c6/dd/9dce3596b9ed768cc7e3037d8d1729a87fb963317e2e280d4f95d39f3f81
/numpy-1.14.3-cp36-none-win32.whl (9.8MB)
    11% |█████                          | 1.2MB 819kB/s eta 0:00:11
```

图 3-5　pip3 download numpy

需要注意的是，默认会把包下载到当前目录下。

3.3.5　pip3 install

当我们要安装某个包的时候，以 numpy 为例，只要输入“pip3 install numpy”然后等待安装完成即可，有包管理器的话就是这么简单高效！pip 会自动解析依赖项，然后安装所有的依赖项。

另外由于我们之前已经下载过了 numpy，所以这里安装的时候会直接用缓存中的包进行安装，如图 3-6 所示。

```
命令提示符
C:\Users\Admin\Desktop>pip3 install numpy
Collecting numpy
  Using cached https://files.pythonhosted.org/packages/c6/dd/9dce3596b9ed768cc7e3037d8d1729a87fb963317e2e280d4f95d39f3f8
1/numpy-1.14.3-cp36-none-win32.whl
Installing collected packages: numpy
Successfully installed numpy-1.14.3

C:\Users\Admin\Desktop>
```

图 3-6　pip3 install numpy

在看到 Successfully installed 之后即表示安装成功。不过之前在第 2 章安装 IPython 的时候就提到了一个小问题，那就是在 Windows 和 Linux 下普通用户是没有权限用 pip 安装的，所以 Linux 下需要获取 root 权限，而 Windows 下需要一个管理员命令提示符。如果安装失败并且提示了类似“Permission denied”的错误，请务必检查用户权限。

当然还有一个问题，这里下载的源是什么呢？其实是 Pypi——一个 Python 官方认可的第三方软件源，它的网址是 https://pypi.org/，在上面搜索手动安装的效果是跟 pip3 install 一样的。

3.3.6　pip3 freeze

pip3 freeze 用于列出当前环境中安装的所有包的名称和具体的版本，如图 3-7 所示。

```
命令提示符

C:\Users\Admin\Desktop>pip3 freeze
backcall==0.1.0
colorama==0.3.9
decorator==4.3.0
ipython==6.3.1
ipython-genutils==0.2.0
jedi==0.12.0
numpy==1.14.3
parso==0.2.0
pickleshare==0.7.4
prompt-toolkit==1.0.15
Pygments==2.2.0
simplegeneric==0.8.1
six==1.11.0
traitlets==4.3.2
wcwidth==0.1.7

C:\Users\Admin\Desktop>
```

图 3-7　pip3 freeze

pip3 freeze 和 pip3 list 的结果非常相似，但是很重要的一个区别是，pip3 freeze 输出的内容对于 pip3 install 来说是可以用来自动安装的。如果将 pip3 freeze 的结果保存成文本文件，例如 requirements.txt，则可以用命令 pip3 install -r requirements.txt 来安装所有依赖项。

3.3.7　pip3 uninstall

pip3 uninstall 用来卸载某个特定的包，要注意的是，这个包的依赖项和被依赖项不会被卸载，比如以卸载 numpy 为例，卸载的过程如图 3-8 所示。

```
命令提示符

C:\Users\Admin\Desktop>pip3 uninstall numpy
Uninstalling numpy-1.14.3:
  Would remove:
    c:\users\admin\appdata\local\programs\python\python36-32\lib\site-packages\numpy-1.14.3.dist-info\*
    c:\users\admin\appdata\local\programs\python\python36-32\lib\site-packages\numpy\*
    c:\users\admin\appdata\local\programs\python\python36-32\scripts\f2py.py
Proceed (y/n)? y
  Successfully uninstalled numpy-1.14.3

C:\Users\Admin\Desktop>_
```

图 3-8　pip3 uninstall numpy

看到 Successfully uninstalled 就表示卸载成功了。

小结

包管理器是一种可以简化安装过程、高效管理依赖关系、进行版本控制的工具，而 pip 正是 Python 最常用的包管理器，使用 pip 管理 Python 的依赖，往往可以事半功倍。

到这里我们应该对 Python 有了一个整体而模糊的认知，接下来的章节就让我们开始动手写 Python 吧！

习题

1. 使用 pip 安装 pillow 库，这是一个图像处理库。
2. 使用 pip 卸载 pillow 库。
3. 使用 pip 搜索“image”，找找还有什么库与图像处理有关。
4. 打印所有安装过的包。

第 4 章　基本计算

第 1 章我们已经接触到了如何用 Python 完成一些简单的计算，但是并没有涉及太多和 Python 相关的知识。这一章我们就从最简单的运算出发，去揭开 Python 神秘的面纱。

本章会从基本计算出发讲解 Python 中的基本语法。

4.1 四则运算

打开终端，输入“ipython”指令启动一个 Ipython 交互式解释器，我们随意输入一些表达式。

```
In [1]: 1 + 2
Out[1]: 3

In [2]: 5 * 4
Out[2]: 20

In [3]: 3 / 5
Out[3]: 0.6

In [4]: 123 - 321
Out[4]: -198
```

可以看到 IPython 的 Out 就是表达式的结果，这跟我们在第 1 章做过的事情没什么区别，接下来我们看看这个过程的背后有哪些知识。

4.2 数值类型

如果仔细观察会发现，上面的运算中，出现了整数和小数。当然从数学的角度来说，它们都是实数，完全没有区别，但是计算机只能处理离散有限的数据，小数因为有可能无限长，所以精度不可能无限高，而整数只要空间足够总能表示精确值，因此整数和实数应该是两种不同的类型。

数学中的实数在计算机领域一般用“浮点数”来表达，从字面上理解就是小数点位置可变的小数，也就是说浮点数的整数部分和小数部分的位数是不固定的，当然也有位数固定的定点数，不过定点数实际上就是整数除以 2 的幂而已。

所以 Python 实际上有 3 种内置的数值类型，分别是整型（integer）、浮点数（float）和复数（complex）。此外还有一种特殊的类型叫布尔类型（bool）。这些数据类型都是 Python 的基本数据类型。

4.2.1　整型（integer）

从数学的角度来说，整型就是整数。下面叙述的过程中也不再严格区分两种说法。

一般来说，一个整数占用的内存空间是固定的，所以范围一般是固定的，比如在 C++ 中，一个 int 在 32 位平台上占用 4 个字节，也就是 32 位，表示整数的范围是–2 147 483 648~2 147 483 647，如果溢出了就会损失精度。当然有人会说只要位数随着输入动态变化不就解决了，但是事实上动态总是伴随着代价的，所以为了高效，C++选择的是静态分配空间。不过 Python 从易用性出发选择的是动态分配空间，所以 Python 的整数是没有范围的。这跟数学中的概念是完全一致的，只要是整数运算我们总可以确信结果不会溢出，从而一定是正确的。

所以我们可以随意地进行一些整数运算，比如：

```
In [5]: 2147483647 + 1  # 这个表达式的结果放到 C++的 int 中会导致溢出
Out[5]: 2147483648

In [6]: 2**1024  # 这里计算的是 2 的 1024 次方，结果很大但是不会溢出！
Out[6]:
1797693134862315907729305190789024733617976978942306572734300811577326758055
0096313270847732240753602112011387987139335765878976881441662249284743063947
4124377767893424865485276302219601246094119453082952085005768838150682342462
8814739131105408272371633505106845862982399472459384797163048353563296242241
37216
```

当然提到整数就不得不提到进制转换，我们首先看看不同进制的数字在 Python 是怎么表示的吧。

```
In [7]: 12450   # 这是一个很正常的十进制数字
Out[7]: 12450

In [8]: 0b111   # 这是一个二进制表示的整数，0b 为前缀
Out[8]: 7

In [9]: 0xFF    # 这是一个十六进制表示的整数，0x 为前缀
Out[9]: 255

In [10]: 0o47   # 这是一个八进制表示的整数，0o 为前缀
Out[10]: 39
```

但是如果数值并不由我们输入，我们怎么转换呢？Python 为我们提供了一些方便的内置函数。

```
In [11]: hex(1245)  # 转十六进制
Out[11]: '0x4dd'
```

```
In [12]: oct(1245)      # 转八进制
Out[12]: '0o2335'

In [13]: bin(1245)      # 转二进制
Out[13]: '0b10011011101'

In [14]: int("0xA", 16) # 用int()转换，第1个参数是要转换的字符串，第2参数是对应的进制
Out[14]: 10

In [15]: int("0b111", 2)
Out[15]: 7

In [16]: int("0o74", 8)
Out[16]: 60

In [17]: int("1245") # 默认采用十进制
Out[17]: 1245
```

注意这里 hex()、oct()、bin()、int()都是函数，括号内用逗号隔开的是参数，虽然还没有介绍 Python 的函数，但是这里完全可以当作数学中函数的形式来理解，此外用单引号或者双引号括起来的“0xA”“0b111”表示的是字符串，后面也会介绍。这里有一个细节是 hex()、oct()、bin()返回的都是字符串，而 int()返回的是一个整数。

此外要注意的是，进制只改变数字的表达形式，并不改变其大小。

4.2.2 浮点型（float）

在 Python 中，输入浮点数的方法有以下几种。

```
In [18]: 1.  # 如果小数部分是0那么可以省略
Out[18]: 1.0

In [19]: 2.5e10  # 科学计数法
Out[19]: 25000000000.0

In [20]: 2.5e-10
Out[20]: 2.5e-10

In [21]: 2.5e308  # 上溢出
Out[21]: inf

In [22]: -2.5e308  # 上溢出
Out[22]: -inf
```

```
In [23]: 2.5e-3088  # 下溢出
Out[23]: 0.0

In [24]: 1.5
Out[24]: 1.5
```

要注意的是 Python 中的浮点数精度是有限的，也就是说有效数字位数不是无限的，所以浮点数过大会引起上溢出为+inf 或-inf，同时过小会引起下溢出为 0.0。同时浮点数的表示支持科学计数法，可以用 e 或 E 加上指数来表示，比如 2.5e10 就表示 2.5×10^{10}。

4.2.3 复数类型（complex）

Python 内置了对复数类型的支持，这对科学计算来说，是非常方便的。Python 中输入复数的方法为“实部+虚部 j”，注意与数学中常用 i 来表示复数单位不同，Python 使用 j 来表示，比如：

```
In [25]: 1  # 返回值是个整型!
Out[25]: 1

In [26]: a = 1 + 0j # 这里是创建一个变量 a 并且赋值为 1+0j，后面会提到什么是变量和赋值运算符

In [27]: a.real     # 实部
Out[27]: 1.0

In [28]: a.imag     # 虚部
Out[28]: 0.0

In [29]: abs(a)     # 模
Out[29]: 1.0
```

这里要强调的一点是，如果想创建一个虚部为 0 的复数，一定要指定虚部为 0，不然得到的是一个整型。

4.2.4 布尔型（bool）

布尔型是一种特殊的数值，它只有两种值，分别是 True 和 False。注意这里要大写首字母，因为 Python 是大小写敏感的语言。在下面讲解二元运算符的时候，我们会看到布尔型的用法和意义。

4.3 数值类型转换

上述就是 Python 的内置数值类型了，但是我们在处理数据的时候类型往往不是一成不变的，那么我们怎么把一种类型转换为另一种类型呢？

在 Python 里，内置类型的转换很容易完成，只要用把想转换的类型当作函数使用就行了，比如：

```
In [30]: a = 12345.6789  # 创建一个变量并赋值为12 345.6789

In [31]: int(a)  # 转为整型
Out[31]: 12345

In [32]: complex(a)  # 转为复数
Out[32]: (12345.6789+0j)

In [33]: float(a)  # 本来就是浮点数，所以再转为浮点数也不会有变化
Out[33]: 12345.6789
```

还有需要注意的一点是，Python 在类型转换的过程中为了避免精度损失会自动升级。例如对于整型的运算，如果出现浮点数，那么计算的结果会自动升级为浮点数。这里升级的顺序为 complex>float>int，所以 Python 在计算的时候跟我们平时的直觉是完全一致的，比如：

```
In [34]: 1 + 9/5 + (1 + 2j)
Out[34]: (3.8+2j)

In [35]: 1 + 9/5
Out[35]: 2.8
```

可以看到计算结果是逐步升级的，这样就避免了无谓的精度损失。

4.4 变量

4.4.1 什么是变量

在程序中，我们需要保存一些值或者状态之后再使用，这种情况就需要用一个变量来存储它，这个概念跟数学中的“变量”非常类似，比如下面这一段代码：

```
In [36]: a = input()     # input()表示从终端接收字符串后赋值给a
Type something here.

In [37]: print(a)        # print把a原样打印到屏幕上
Type something here.
```

我们在 36 行回车后并不会出现新的一行，而是光标在最左端闪动等待用户输入，我们输入任意内容，比如“Type something here.”，回车后才会出现新的一行。这时候 a 中就存储了我们输入的内容。显然，根据我们输入内容的不同，a 的值也是不同的，所以我们说 a 是一个变量。

要注意的是，在编程语言中单个等号“=”一般不表示“相等”的语义，而是表示“赋值”的语义，即把等号右边的值赋给等号左边的变量，后面讲解运算符的时候会看到更加详细的解释。

4.4.2 声明变量

在 Python 中声明一个变量是非常简单的事情，如果变量的名字之前没有被声明过的话，只要直接赋值就可以声明新变量了，比如：

```
In [38]: a = 1  # 声明了一个变量为 a 并赋值为 1
In [39]: b = a  # 声明了一个变量为 b 并且用 a 的值赋值
In [40]: c = b  # 声明了一个变量为 c 并且用 b 的值赋值
```

4.4.3 动态类型

我们考虑下面这段代码：

```
In [41]: a = 1            # 声明一个变量 a 并且赋值为整型 1
In [42]: a = 1.5          # 赋值为浮点数 1.5
In [43]: a = 1 + 5j       # 赋值为虚数 1+5j
In [44]: a = True         # 赋值为布尔型 True
```

注意到了吗？a 的类型是在不断变化的，这也是 Python 的特点之一 ——动态类型，即变量的类型可以随着赋值而改变，这样很符合直觉同时也易于程序的编写。

4.4.4 命名规则

变量的名称叫作标识符，而开发者可以近乎自由地为变量取名。之所以说是“近乎”自由，是因为 Python 的变量命名还是有一些基本规则的。

- 标识符必须由字母、数字、下划线构成。
- 标识符不能以数字、开头。
- 标识符不能是 Python 关键字。

什么是关键字呢？关键字也叫保留字，是编程语言预留给一些特定功能的专有名字。Python 具体的关键字列表如下：

```
False      class      finally    is         return
None       continue   for        lambda     try
True       def        from       nonlocal   while
and        del        global     not        with
as         elif       if         or         yield
assert     else       import     pass
break      except     in         raise
```

这些关键字的具体功能会在后续章节覆盖到，比如我们马上就会遇到 True、False、and、or、not 这几个关键字。

4.5 运算符

运算符用于执行运算，运算的对象叫操作数。比如对于“+”运算符，在表达式 1+2 中，操作数就是 1 和 2。运算符根据操作数的数量不同有一元运算符，二元运算符和三元运算符。在 Python 中，根据功能还可分为算术运算符、比较运算符、赋值运算符、逻辑运算符、位运算符、成员运算符、身份运算符 7 种。其中算数运算符、比较运算符、赋值运算符、逻辑运算符和位运算符比较基础，也比较常用，我们将马上认识这些运算符。而剩下两种，成员运算符和身份运算符，则需要一些前置知识才方便理解，我将在后面的章节认识它们。

接下来我们依次认识一下这些运算符。

4.5.1 算术运算符

Python 除了支持之前提到的四则运算，它还支持取余、乘方、取整除这 3 种运算。这些运算都是二元运算符，也就是说它们需要接受两个操作数，然后返回一个运算结果。

为了方便举例，我们定义两个变量，alice = 9 和 bob = 4，具体的运算规则如表 4-1 所示。

表 4-1 算术运算符

算术运算符	作　用	举　例
+	两个数字类型相加	alice + bob 返回 13
–	两个数字类型相减	alice - bob 返回 5
*	两个数字类型相乘	alice * bob 返回 36
/	两个数字类型相除	alice / bob 返回 2.25
%	两个数字类型相除的余数	alice % bob 返回 1
**	alice 的 bob 次幂，相当于 $alice^{bob}$	alice ** bob 返回 6561
//	alice 被 bob 整除	alice // bob 返回 2

值得注意的一点是，通过 duck typing 其实可以让上述运算符支持任意两个对象之间的运算，这是 Python 中很重要的一种特性，我们会在面向对象编程中提到它，这里简单理解为算术运算符只用于数字类型运算就行了。

特殊的，+和 - 还是两个一元运算符，例如-alice 可以获得 alice 的相反数。

4.5.2 比较运算符和逻辑运算符

比较运算符，顾名思义，是将两个表达式的返回值进行比较，返回一个布尔型变量。它也是二元运算符，因为需要两个操作数才能产生比较。

逻辑运算符，是布尔代数中最基本的 3 个操作，也就是与、或、非，比如：

```
In [45]: 1 + 2 > 2        # 注意运算符也有优先级，之后会具体提到
Out[45]: True

In [46]: 5 * 3 < 10
Out[46]: False

In [47]: 3 + 3 == 6       # 两个等号一起表示“相等”的语义，之后会详解
Out[47]: True
```

要注意的是，这些表达式最后输出的值只有两种——True 和 False，这跟之前介绍的

布尔型变量取值只有两种是完全吻合的。其实与其理解为两种取值，不如理解为两种逻辑状态，即一个命题总有一个值——真或者假。

所有的比较运算符运算规则如表 4-2 所示。

表 4-2　比较运算符

比较运算符	作　用	举　例
==	判断两个操作数的值是否相等，相等为真	alice == bob
!=	判断两个操作数的值是否不等，不等为真	alice != bob
>	判断左边操作数是不是大于右边操作数，大于为真	alice > bob
>=	判断左边操作数是不是大于或等于右边操作数，大于或等于为真	alice >= bob
<	判断左边操作数是不是小于右边操作数，小于为真	alice < bob
<=	判断左边操作数是不是小于或等于 bob ，小于或等于为真	alice <= bob

注意这里正如之前提到的，单个等号的语义为“赋值”，而两个等号放一起的语义才是“相等”。

但是如果我们想同时判断多个条件，那么这时候就需要逻辑运算符了，比如：

```
In [48]: 1 > 2 or 2 < 3
Out[48]: True

In [49]: 1 == 1 and 2 > 3
Out[49]: False

In [59]: not 5 < 4
Out[59]: True

In [51]: 1 > 2 or 3 < 4 and 5 > 6 # 这里也和优先级有关系
Out[51]: False
```

通过逻辑运算符，我们可以连接任意个表达式进行逻辑运算，然后得出一个布尔类型的值。

逻辑运算符的只有 and、or 和 not，具体的运算规则如表 4-3 所示。

表 4-3　逻辑运算符

逻辑运算符	作　用	举　例
and	两个表达式同时为真结果才为真	1 < 2 and 2 < 3
or	两个表达式有一个为真结果就为真。	1 > 2 or 2 < 3
not	表达式结果为假，结果为真，表达式为真，结果为假。	not 1 > 2

4.5.3　赋值运算符

二元运算符中最常用的就是赋值运算符“=”。它的意思是把等号右边表达式的值赋值给左边的变量，当然要注意这么做的前提是赋值运算符的左值必须是可以修改的变量。如果我们赋值给了不可修改的量，就会产生如下的错误：

```
In [52]: 1 = 2
  File "<ipython-input-77-c0ab9e3898ea>", line 1
    1 = 2
        ^
SyntaxError: can't assign to literal

In [53]: True  = False
  File "<ipython-input-78-ee10fad43c38>", line 1
    True  = False
                 ^
SyntaxError: can't assign to keyword
```

我们对一个字面量或者关键词进行赋值操作，这显然是没有意义并且不合理的，所以它报错的类型是 SyntaxError，意思是语法错误。这里是我们第一次接触到了 Python 的异常机制，后面的章节会更加详细地介绍它，因为这是写出一个强健壮性程序的关键。

4.5.4 复合赋值运算符

很多时候操作数本身就是赋值对象，比如 i=i+1。由于这样的语句会经常出现，所以为了方便和简洁，就有了算术运算符和赋值运算符相结合的复合赋值运算符。它们相当于将一个变量本身作为左侧的操作数，然后将相关的运算结果赋给本身。

表 4-4 所示是算术运算符对应的复合赋值运算符。

表 4-4 复合赋值运算符

复合赋值运算符	作 用	举 例
+=	赋值为相加的结果	alice += 2
-=	赋值为相减的结果	alice -= 1
*=	赋值为相乘的结果	alice *= 3
/=	赋值为除以一个数的结果	alice /= 2
%=	赋值为除以一个数的余数	alice %= 2
**=	赋值为它本身的 n 次幂	alice **= 3
//=	赋值为除以一个数的商的整数部分	alice //= 2

我们来动手试一试复合赋值运算符，代码如下：

```
In [54]: a = 1

In [55]: a += 2  # 等价于 a = a + 2

In [56]: a
```

```
Out[56]: 3

In [57]: a *= 2  # 等价于 a = a * 2

In [58]: a
Out[58]: 6

In [59]: a //= 4  # 等价于 a = a // 4

In [60]: a
Out[60]: 1
```

可以看到复合赋值运算符的确简化了代码，同时也增强了可读性。

4.5.5 位运算符

所有的数值类型在计算机中都是二进制存储的，比如对于一个整数 30 而言，在计算机内的二进制存储形式可能就是 0011110，而位运算就是以二进制位为操作数的运算。

所有的位运算符如表 4-5 所示。

表 4-5 位运算符

位运算符	作　用	举　例
<<	按位左移	2 << 1
>>	按位右移	2 >> 1
&	按位与	2 & 1
|	按位或	2 | 1
^	按位异或，注意不是乘方	2 ^ 1
~	按位取反	~ 2

位运算比较抽象，我们就直接看下面的例子吧。

1. 移位运算

我们先看按位左移和右移，代码如下：

```
In [61]: a = 211

In [62]: bin(a)           # a 的二进制表示
Out[62]: '0b11010011'

In [63]: a << 1           # a 左移一位后的数值大小
Out[63]: 422

In [64]: bin(a << 1)      # a 左移一位后的二进制表示
```

```
Out[64]: '0b110100110'

In [65]: a >> 1           # a 右移一位后的数值大小
Out[65]: 105

In [66]: bin(a >> 1)      # a 右移一位后的二进制表示
Out[66]: '0b1101001'
```

a 是一个十进制表示为 211、二进制表示为 11010011 的整数，我们对它进行左移 1 位，得到了 422。不难发现，这就是乘以 2。从二进制的角度来看，我们就是在这个数最后加了个 0，但是从位运算的角度看，实际的操作是所有的比特位全都向左移动了一位，而新增的最后一位用 0 补上。这里要注意的是移位运算符的右操作数是移动的位数。

我们用一个表来精细对比下前后的二进制表示，其中表的第一行是二进制表示的位数，低位在右，高位在左边，如表 4-6 所示。

表 4-6　按位左移

位	8	7	6	5	4	3	2	1	0
左移前	0	1	1	0	1	0	0	1	1
左移后	1	1	0	1	0	0	1	1	0

对于左移而言，所有的二进制位会向左移动数位，空出来的位用 0 补齐。如果丢弃的位中没有 1，也就是说没有溢出的话，等价于原来的数乘以 2。

类似地，右移就是丢弃最后几位，剩下的位向右移动，空出来的位使用 0 补齐。从十进制的角度来看，这就是整除以 2，如表 4-7 所示。

表 4-7　按位右移

位	7	6	5	4	3	2	1	0
右移前	1	1	0	1	0	0	1	1
右移后	0	1	1	0	1	0	0	1

2. 与运算

先看一个例子：

```
In [67]: a = 211
In [68]: bin(a)                  # a 的二进制表示
Out[68]: '0b11010011'
In [69]: a & 0b0110000           # a 与运算后的结果
Out[69]: 16
In [70]: bin(a & 0b0110000)      # a 与运算结果的二进制表示
Out[70]: '0b10000'
```

这里给出与运算的运算规则，在离散数学中这也叫真值表，如表 4-8 所示。

表 4-8　与运算真值表

	0	1
0	0	0
1	0	1

与运算的规则其实非常好理解，只要参与运算的两个二进制位中任意一位为 0 那么结果就是 0，是不是觉得和之前讲的逻辑运算符 and 有点像？实际上从逻辑运算的角度来看，二者就是等价的。

直接看与运算可能有些难理解，我们用一个表格来说明，如表 4-9 所示。

表 4-9　与运算

位	7	6	5	4	3	2	1	0
左操作数	1	1	0	1	0	0	1	1
右操作数	0	0	1	1	0	0	0	0
结　果	0	0	0	1	0	0	0	0

从低位到高位一位一位地分析刚才这个例子。

- 第 0 位，1 & 0 = 0
- 第 1 位，1 & 0 = 0
- 第 2 位，0 & 0 = 0
- 第 3 位，0 & 0 = 0
- 第 4 位，1 & 1 = 1
- 第 5 位，0 & 1 = 0
- 第 6 位，1 & 0 = 0
- 第 7 位，1 & 0 = 0

所以我们就得到了结果 00010000。与运算有一个常见的应用就是掩码，比如我们想获得某个整数二进制表示中的前 3 位，那么我们就可以把这个整数和 7 相与，因为 7 的二进制表示是 0b00000111，这样一来结果中除了前 3 位以外所有的二进制位都是 0，而结果中前 3 位和原来前 3 位是一样的，也就是说利用与运算我们可以获得一个整数二进制表示中任何一位，这就是“掩码”的作用。

3. 或运算

仍然是先看一个例子：

```
In [71]: a = 211


In [72]: bin(a)
Out[72]: '0b11010011'


In [73]: a | 0b0110000
```

```
Out[73]: 243

In [74]: bin(a | 0b0110000)
Out[74]: '0b11110011'
```

这里给出或运算的规则，如表 4-10 所示。

表 4-10 或运算真值表

	0	1
0	0	1
1	1	1

对于或运算来说，参与运算的两个二进制位只要有一个为 1 结果就为 1，这跟之前讲过的 or 运算符是一致的。

我们再用表格分析上述或运算，如表 4-11 所示。

表 4-11 或运算

位	7	6	5	4	3	2	1	0
左操作数	1	1	0	1	0	0	1	1
右操作数	0	0	1	1	0	0	0	0
结　果	1	1	1	1	0	0	1	1

从低位到高位一位一位地分析如下。

- 第 0 位，1 | 0 = 1
- 第 1 位，1 | 0 = 1
- 第 2 位，0 | 0 = 0
- 第 3 位，0 | 0 = 0
- 第 4 位，1 | 1 = 1
- 第 5 位，0 | 1 = 1
- 第 6 位，1 | 0 = 1
- 第 7 位，1 | 0 = 1

所以我们就得到了结果 11110011。或运算可以用来快速地把二进制中某些位置 1，比如我们想把某个数的前 3 位置 1，只要跟 7 或运算即可，因为 7 的二进制表示是 0b00000111，可以确保前 3 位运算的结果一定是 1 而其他位和原来一致。

4. 按位取反

按位取反是一个一元运算符，因为它只有一个操作数，它的用法如下：

```
In [75]: a = 211

In [76]: bin(a)
Out[76]: '0b11010011'
```

```
In [77]: ~a
Out[77]: -212

In [78]: bin(~a)
Out[78]: '-0b11010100'

In [79]: ~1
Out[79]: -2
```

同时我们看一下按位取反的运算规则，如表 4-12 所示。

表 4-12　按位取反真值表

位 表 示	0	1
按位取反	1	0

也就是每一位如果是 0 就变成 1，如果是 1 就变成 0。按照这个运算规则，运算的结果应该如表 4-13 所示。

表 4-13　按位取反

输　　入	7	6	5	4	3	2	1	0
取 反 前	1	1	0	1	0	0	1	1
取 反 后	0	0	1	0	1	1	0	0

但是上面的例子中按位取反后的二进制表示有点奇怪，它竟然有一个负号，而且也跟上面表格中的结果不太一样，问题出在哪了呢?

我们回想一下，计算机内所有数据都是以二进制存储的，负号也是一样，为了处理数据方便，计算机采用了一种叫做“补码”的方法来存储负数，具体的做法是二进制表示最高位为符号位，0 表示正数，1 表示负数，对于一个用补码表示的二进制整数 $w_{n-1}w_{n-2}...w_1$，它的实际数值为 $(-1)^{w_{n-1}} \times 2^{n-1} + \sum_{i=0}^{n-2} w_i \times 2^i$。

这看起来非常抽象，为了方便叙述，我们回到上面这个例子，对于 211 来说，因为 Python 输出二进制的时候省略了符号位，只用正负号表示，所以它的二进制表示其实应该是 011010011，按照上述给的公式计算的话就是 $2^7 + 2^6 + 2^4 + 2^1 + 2^0 = 221$，接着按照取反的运算规则我们会得到 100101100，同样按照公式计算的话有 $-2^8 + 2^5 + 2^3 + 2^2 = -212$，结果和例子中是一样的。

所以就本例而言，取反得到的负数在计算机内的存储形式的确是 100101100。但是由于 Python 输出二进制的时候没有符号位，只有正负号，也就是说如果原样输出 0b100101100，最高位 1 其实不是符号位，实际表示的是正数 0100101100（这里最高位 0 表示正数），这是不合理的，所以 Python 输出的是-0b11010100，因为 0b11010100 表示的整数是 011010100，即 212。

5. 异或运算

仍然是先看一个例子：

```
In [80]: a = 211

In [81]: bin(a)
Out[81]: '0b11010011'

In [82]: a ^ 0b0110000
Out[82]: 227

In [83]: bin(a ^ 0b0110000)
Out[83]: '0b11100011'
```

异或的具体规则如表 4-14 所示。

表 4-14 异或运算真值表

	0	1
0	0	1
1	1	0

异或的运算规则是参与运算的两个二进制位相异则为 1，相同则为 0。

我们再用表格分析上述异或运算，如表 4-15 所示。

表 4-15 异或运算

位	7	6	5	4	3	2	1	0
左操作数	1	1	0	1	0	0	1	1
右操作数	0	0	1	1	0	0	0	0
结　果	1	1	1	0	0	0	1	1

从低位到高位一位一位分析如下。

- 第 0 位，1 ^ 0 = 1
- 第 1 位，1 ^ 0 = 1
- 第 2 位，0 ^ 0 = 0
- 第 3 位，0 ^ 0 = 0
- 第 4 位，1 ^ 1 = 0
- 第 5 位，0 ^ 1 = 1
- 第 6 位，1 ^ 0 = 1
- 第 7 位，1 ^ 0 = 1

所以我们就得到了结果 0b11100011。

6. 复合赋值运算符

位运算也有相应的复合赋值运算符，如表 4-16 所示。

表 4-16　位运算对应的复合赋值运算符

复合赋值运算符	作　用	举　例
<<=	赋值为一个数左移后的值	alice <<= 2
>>=	赋值为一个数右移后的值	alice >>= 1
&=	赋值为和一个数相与后的值	alice &= 3
|=	赋值为和一个数相或后的值	alice |= 2
^=	赋值为和一个数异或后的值	alice ^= 2

4.5.6　运算符优先级

Python 中不同的运算符具有不同的优先级，高优先级的运算符会优先于低优先级的运算符计算，比如乘号的优先级应该比加号高，幂运算的优先级应该比乘法高等。下面看一个简单的例子：

```
In [84]: 1 + 2 * 3
Out[84]: 7


In [85]: (1 + 2) * 3
Out[85]: 9
```

但是 Python 的运算符远不止加减乘除几个，表 4-17 中按照优先级从高到低列出了常用的运算符。

表 4-17　运算符优先级

运　算　符	作　用
**	乘方
~，+，-	按位取反、数字的正负
*，/，%，//	乘、除、取模、取整除
+，-	二元加减法
<<，>>	移位运算符
&	按位与
^	按位异或
|	按位或
>=，>，<=，<，==，!= ，is，is not，in，not in	大于等于、大于、小于等于、小于、is、is not、in、not in
= += -= *= /= **= …	复合赋值运算符
not	逻辑非运算

续表

运 算 符	作 用
and	逻辑与运算
or	逻辑或运算

如果我们需要改变优先级，可以通过圆括号()来提升优先级。()优先于一切运算符号，程序会优先运算最内层的()的表达式。

小结

本章在介绍 Python 简单计算的同时也介绍了 Python 中类型和变量等基本知识，可以看到这些基础语法都是相当符合我们的直觉的，这也是 Python 的优点之一。

但是光有这些运算语句是没法组成一个完整的程序的。下一章我们会看到一个程序的逻辑是如何构成的，以及我们如何用 Python 去控制程序的逻辑。

习题

1. 使用 Python 计算多项式 $255\times x^5+127\times x^3-\frac{63}{x}$ 在 x=5 的时候的值。

2. 使用比较运算符，判断数字 100^{99} 和 99^{100} 的大小关系。

3. 使用数值转换，输出$(128)_{10}$的二进制表示、八进制表示和十六进制表示。

4. 定义一个变量 alice=1，通过移位运算让它扩大 1024 倍。

5. 给定三角形三边 a=3，b=4，c=5，通过 Python 判断并输出它是不是直角三角形，是不是等腰三角形。

6. 定点数是小数点固定的小数，进而小数部分和整数部分的二进制位数也是固定的，假设一种定点数的整数部分有 23 位，小数部分有 9 位，并且这 32 位连续存储，想一想给定一个 32 位整数怎么转为定点数。（提示：可以使用刚学到的位运算。）

7. 给定任意一个负数，想一想怎么快速得到它的补码表示。（提示：可以参考维基 https://zh.wikipedia.org/wiki/补码 进一步学习补码相关知识。）

第5章 控制语句

05 扫码看视频

Python 除了拥有进行基本运算的能力，同时也具有写出一个完整程序的能力，那么对于程序中各种复杂的逻辑该怎么控制呢？这时候就到了控制语句派上用场的时候了。

本章会从执行结构的角度介绍 Python 中的控制语句。

5.1 执行结构

一个结构化的程序一共只有 3 种执行结构，如果用圆角矩形表示程序的开始和结束，直角矩形表示执行过程，菱形表示条件判断，那么这 3 种执行结构可以分别用下面 3 张图表示。

顺序结构：就是做完一件事后紧接着做另一件事，如图 5-1 所示。

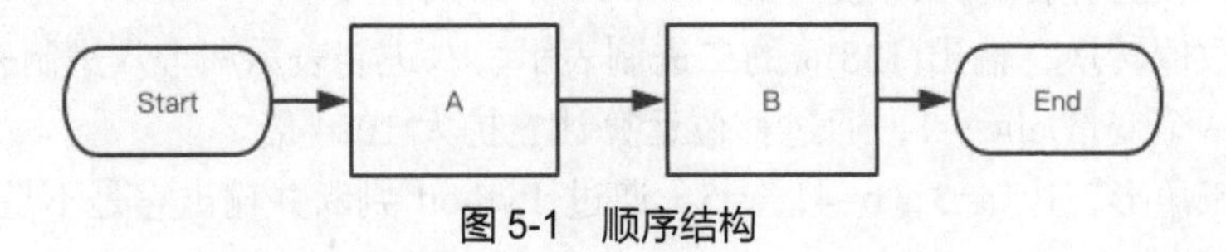

图 5-1 顺序结构

选择结构：在某种条件成立的情况下做某件事，反之做另一件事，如图 5-2 所示。

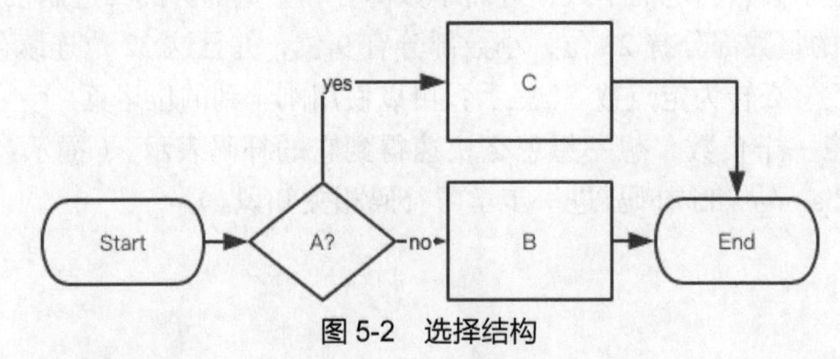

图 5-2 选择结构

循环结构：反复做某件事，直到满足某个条件为止，如图 5-3 所示。

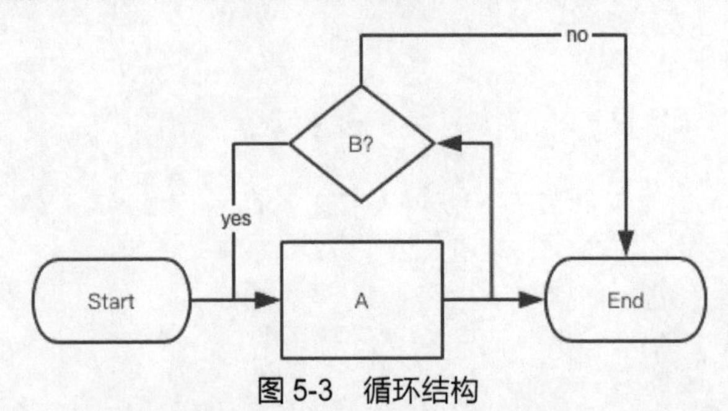

图 5-3 循环结构

程序语句的执行默认就是顺序结构，而条件结构和循环结构分别对应条件语句和循环语句，它们都是控制语句的一部分。

5.2 控制语句

什么是控制语句呢？这个词出自C语言，对应的英文是Control Statements。它的作用是控制程序的流程，以实现各种复杂逻辑。

5.2.1 顺序结构

顺序结构在Python中就是代码一句一句地执行。举个简单的例子，我们可以连续执行几个print函数：

```
print('Here's to the crazy ones.')
print('The misfits. The rebels. The troublemakers.')
print('The round pegs in the square holes.')
print('The ones who see things differently.')
print('They're not fond of rules. And they have no respect for the status quo.')
print('You can quote them, disagree with them, glorify or vilify them.')
print('About the only thing you can't do is ignore them.')
print('')
print('Because they change things.')
print('They push the human race forward.')
print('And while some may see them as the crazy ones, we see genius.')
print('Because the people who are crazy enough to think they can change the world,
are the ones who do.')
```

这是一段来自Apple的广告Think Different的文字，我们可以通过多个print语句来输出多行，Python会顺序执行这些语句，结果就是我们会按照阅读顺序输出这段话。

```
Here's to the crazy ones.
The misfits. The rebels. The troublemakers.
The round pegs in the square holes.
The ones who see things differently.
They're not fond of rules. And they have no respect for the status quo.
You can quote them, disagree with them, glorify or vilify them.
About the only thing you can't do is ignore them.

Because they change things.
They push the human race forward.
And while some may see them as the crazy ones, we see genius.
Because the people who are crazy enough to think they can change the world, are
the ones who do.
```

但是，如果我们希望对不同情况能够有不同的执行结果，就要用到选择结构了。

5.2.2 选择结构

在 Python 中，选择结构的实现是通过 if 语句，if语句的常见语法是：

```
if 条件1:
    代码块1
elif 条件2:
    代码块2
elif 条件3:
    代码块3
    …
    …
elif 条件n-1:
    代码块n-1
else
    代码块n
```

这表示的是，如果条件 1 成立就执行代码块 1，接着如果条件 1 不成立而条件 2 成立就执行代码块 2，如果条件 1 到条件 n–1 都不满足，那么就执行代码块 n。

另外其中的 elif 和 else 以及相应的代码块是可以省略的，也就是说最简单的 if 语句格式是：

```
if 条件:
    代码段
```

要注意的是，这里所有代码块前应该是 4 个空格，原因稍候会提到，我们这里先看一段具体的 if语句。

```
a = 4
if a < 5:
    print('a is smaller than 5.')
elif a < 6:
    print('a is smaller than 6.')
else:
    print('a is larger than 5.')
```

很容易得到结果：

```
a is smaller than 5.
```

这段代码表示的含义就是，如果 a 小于 5 则输出“a is smaller than 5.”，如果 a 不小于 5 而小于 6 则输出“a is smaller than 6.”，否则就输出“a is larger than 5.”。这里值得注意的一点是，虽然 a 同时满足 a<5 和 a<6 两个条件，但是由于 a<5 在前面，所以最终输出的为“a is smaller than 5.”。

if 语句的语义非常直观易懂，但是这里还有一个问题没有解决，那就是为什么我们要在代码块之前空 4 格？

我们依旧是先看一个例子：

```
if 1 > 2:
    print('Impossible!')
```

```
print('done')
```

运行这段代码可以得到：

```
done
```

但是如果我们稍加改动，在print('done')前也加4个空格：

```
if 1 > 2:
    print('Impossible!')
    print('done')
```

再运行的话什么也不会输出。

它们的区别是什么呢？对于第1段代码，print('done')和if语句是在同一个代码块中的，也就是说无论if语句的结果如何print('done')一定会被执行。而在第2段代码中print('done')和print('Impossible!')在同一个代码块中的，也就是说如果if语句中的条件不成立，那么print('Impossible!')和print('done')都不会被执行。

我们称第2个例子中这种拥有相同的缩进的代码为一个代码块。虽然Python解释器支持使用任意多但是数量相同的空格或者制表符来对齐代码块，但是一般约定用4个空格作为对齐的基本单位。

另外值得注意的是，在代码块中是可以再嵌套另一个代码块的，以if语句的嵌套为例：

```
a = 1
b = 2
c = 3
if a > b:  # 第4行
    if a > c:
        print('a is maximum.')
    elif c > a:
        print('c is maximum.')
    else:
        print('a and c are maximum.')
elif a < b:  # 第11行
    if b > c:
        print('b is maximum.')
    elif c > b:
        print('c is maximum.')
    else:
        print('b and c are maximum.')
else:  # 第19行
    if a > c:
        print('a and b are maximum')
    elif a < c:
        print('c is maximum')
    else:
        print('a, b, and c are equal')
```

首先最外层的代码块是所有的代码，它的缩进是 0，接着它根据 if 语句分成了 3 个代码块，分别是第 5 行~第 10 行，第 12 行~第 18 行，第 20 行~27 行，它们的缩进是 4；接着在这 3 个代码块内又根据 if 语句分成了 3 个代码块，其中每个 print 语句是一个代码块，它们的缩进是 8。

从这个例子中我们可以看到代码块是有层级的，是嵌套的，所以即使这个例子中所有的 print 语句拥有相同的空格缩进，仍然不是同一个代码块。

但是单有顺序结构和选择结构是不够的，有时候某些逻辑执行的次数本身就是不确定的或者说逻辑本身具有重复性，那么这时候就需要循环结构了。

5.2.3 循环结构

Python 的循环结构有两个关键字可以实现，分别是 while 和 for。

1. While 循环

while 循环的常见语法是：

```
while 条件:
    代码块
```

这个代码块表达的含义就是，如果条件满足就执行代码块，直到条件不满足为止，如果条件一开始不满足那么代码块一次都不会被执行。

我们看一个例子：

```
a = 0
while a < 5:
    print(a)
    a += 1
```

运行这段代码可以得到如下输出：

```
0
1
2
3
4
```

对于 while 循环，其实和 if 语句的执行结构非常接近，区别就是从单次执行变成了反复执行，以及条件除了用来判断是否进入代码块以外还被用来作为是否终止循环的判断。

对于上面这段代码，结合输出我们不难看出，前 5 次循环的时候 a < 5 为真，因此循环继续，而第 6 次经过的时候，a 已经变成了 5，条件就为假，自然也就跳出了 while 循环。

2. For 循环

for 循环的常见语法是：

```
for 循环变量 in 可迭代对象:
    代码段
```

Python 的 for 循环比较特殊，它并不是 C 系语言中常见的 for 语句，而是一种 foreach 的语法，也就是说本质上是遍历一个可迭代的对象，这听起来实在是太抽象了，我们看一个例子：

```
for i in range(5):
    print(i)
```

运行后这段代码输出如下：

```
0
1
2
3
4
```

for 循环实际上用到了迭代器的知识，但是在这里展开还为时尚早，我们只要知道用 range 配合 for 可以写出一个循环即可，比如计算 0~100 整数的和：

```
sum = 0
for i in range(101):          # 别忘了 range(n)的范围是[0, n-1)
    sum += i
print(sum)
```

那如果我们想计算 50~100 整数的和呢？实际上 range 产生区间的左边界也是可以设置的，只要多传入一个参数：

```
sum = 0
for i in range(50, 101):    # range(50 ,101) 产生的循环区间是 [50, 101)
    sum += i
print(sum)
```

有时候我们希望循环是倒序的，比如从 10 循环到 1，那该怎么写呢？只要再多传入一个参数作为步长即可：

```
for i in range(10, 0, -1): # 这里循环区间是 (1, 10)，但是步长是-1
    print(i)
```

也就是说 range 的完整用法应该是 range(start, end, step)，循环变量 i 从 start 开始，每次循环后 i 增加 step 直到超过 end 跳出循环。

3．两种循环的转换

其实无论是 while 循环还是 for 循环，本质上都是反复执行一段代码，这就意味着二者是可以相互转换的，比如之前计算整数 0~100 的代码，我们也可以用 while 循环完成，如下所示：

```
sum = 0
i = 0
while i<=100:
    sum += i
    i ++
print(sum)
```

但是这样写之后至少存在以下 3 个问题。

- while 写法中的条件为 i<=100，而 for 写法是通过 range()来迭代，相比来说后者显然更具可读性。

- while 写法中需要在外面创建一个临时的变量 i，这个变量在循环结束依旧可以访问，但是 for 写法中 i 只有在循环体中可见，明显 while 写法增添了不必要的变量。
- 代码量增加了两行。

当然这个问题是辩证性的，有时候 while 写法可能是更优解，但是对于 Python 来说，大多时候推荐使用 for 这种可读性强也更优美的代码。

5.2.4 Break，Continue，Pass

学习了 3 种基本结构之后，我们已经可以写出一些有趣的程序了，但是 Python 还有一些控制语句可以让我们的代码更加优美简洁。

1. Break, Continue

Break 和 Continue 只能用在循环体中，下面我们通过一个例子来认识一下它们的作用：

```
i = 0
while i <= 50:
   i += 1
   if i == 2:
      continue
   elif i == 4:
      break
   print(i)
print('done')
```

这段代码会输出：

```
1
3
done
```

这段循环中如果没有 continue 和 break 的话应该是输出 1 到 51 的，但是这里输出只有 1 和 3，为什么呢?

我们首先考虑当 i 为 2 的那次循环，它进入了 if i==2 的代码块中，执行了 continue，这次循环就被直接跳过了，也就是说后面的代码包括 print(i)都不会再被执行，而是直接进入了下一次 i=3 的循环。

接着考虑当 i 为 4 的那次循环，它进入了 elif i == 4 的代码块中，执行了 break，直接跳出了循环到最外层，然后接着执行循环后面的代码输出了 done。

所以总结一下，continue 的作用是跳过剩下的代码进入下一次循环，break 的作用是跳出当前循环然后执行循环后面的代码。

这里有一点需要强调的是，break 和 continue 只能对当前循环起作用，也就是说如果在循环嵌套的情况下想对外层循环起控制作用，需要多个 break 或者 continue 联合使用。

2. Pass

pass 很有意思，它的功能就是没有功能。看一个例子：

```
a = 0
if a >= 10:
```

```
    pass
else:
    print('a is smaller than 10')
```

我们要想在 a > 10 的时候什么都不执行，但是如果什么不写的话又不符合 Python 的缩进要求，为了使得语法上正确，我们这里使用了 pass 来作为一个代码块，但是 pass 本身不会有任何效果。

小结

本章介绍了 3 种执行结构和 Python 的控制语句，并且引入了代码块这个重要的概念，只要完全掌握这些理论上就可以写出任何程序了，所以一定要在理解的基础上熟练使用 Python 的各种控制语句，打下良好的基础。

当然，理论只是理论，为了更加轻松地写出逻辑更复杂的程序，我们还需要学习更多的知识，接下来我们会学习在 Python 中如何处理字符串。

习题

1．通过选择结构把一门课的成绩转化成绩点并输出，其中绩点的计算为了简单采用 90~100 分 4.0，80~89 分 3.0，70~79 分 2.0，60~69 分 1.0 的规则。

2．给定一个分段函数，在 $x \geqslant 0$ 的时候，$y = x$，在 $x < 0$ 的时候，$y = 0$ 实现这个函数的计算逻辑。

3．给定 3 个整数 a，b，c，判断哪个最小。

4．使用循环计算 1~100 中所有偶数的和。

5. 水仙花数是指一个 n 位数（$n \geqslant 3$），它的每个位上的数字的 n 次幂之和等于它本身。输出所有 3 位数水仙花数。

6．斐波那契数列是一个递归定义的数列，它的前两项为 1，从第 3 项开始每项都是前面两项的和。输出 100 以内的斐波那契数列。

7．输入一个数字，判断它在不在斐波那契数列中。

第 6 章 字符串与输入

06 扫码看视频

字符串是计算机与人交互过程中使用最普遍的数据类型。我们在计算机显示器上看到的一切文本，实际上都是一个个字符串。

在之前几章的学习里，我们输出的内容都非常简陋，只有一个数字或者一句话。本章会教您如何从计算机屏幕上输入内容以及如何按照特定的需求来构造字符串。

6.1 字符串表示

我们先来看一下字符串的表示方式，实际上在之前输出 hello world 的时候我们已经用过了，代码如下：

```
str1 = "I'm using double quotation marks"
str2 = 'I use "single quotation marks"'
str3 = """I am a
multi-line
double quotation marks string.
"""
str4 = '''I am a
multi-line
single quotation marks string.
'''
```

这里使用了 4 种字符串的表示方式，依次认识一下吧。

str1 和 str2 使用了一对双引号或单引号来表示一个单行字符串。而 str3 和 str4 使用了 3 个双引号或单引号来表示一个多行字符串。

那么使用单引号和双引号的区别是什么呢？仔细观察一下 str1 和 str2，在 str1 中，字符串内容包含单引号，在 str2 中，字符串内容包含双引号。

如果在单引号字符串中使用单引号会怎么样呢？会出现如下报错：

```
In [1]: str1 = 'I'm a single quotation marks string'
  File "<ipython-input-1-e9eb8bee0cd7>", line 1
    str1 = 'I'm a single quotation marks string'
             ^
SyntaxError: invalid syntax
```

其实在输入的时候就可以看到字符串的后半段完全没有正常地高亮，而且回车执行后还报了 SyntaxError 的错误。这是因为单引号在单引号字符串内不能直接出现，Python 不知道单引号是字符串内本身的内容还是要作为字符串的结束符来处理。所以两种字符串最大的差别就是可以直接输出双引号或单引号，这是 Python 特有的一种方便的写法。

但是另一个问题出现了，如果要同时输出单引号和双引号呢？也就是说我们要用一种没有歧义的表达方式来告诉 Python 这个字符是字符串本身的内容而不是结束符，这就需要用到转义字符了。

6.2 转义字符

表 6-1 所示是 Python 中的转义字符。

表 6-1　转义字符

转义字符	描　述
\（在行尾时）	续行符
\\	反斜杠符号
\'	单引号
\"	双引号
\a	响铃
\b	退格（Backspace）
\000	空
\n	换行
\v	纵向制表符
\t	横向制表符
\r	回车
\f	换页
\oyy	八进制数 yy 代表的字符，例如：12 代表换行
\xyy	十进制数 yy 代表的字符，例如：0a 代表换行
\other	其他的字符以普通格式输出

实际上所有的编程语言都会使用转义字符，因为没有编程语言会不支持字符串，只不过不同的编程语言可能略有差别。

使用转义字符我们就能输出所有不能直接输出的字符了，例如，我们可以这样：

```
str1 = 'Hi, I\'m using backslash! And I come with a beep! \a'
print(str1)
```

我们可以在 IPython 或者 PyCharm 中执行这两句代码，然后会听到一声“哔”。这是因为\a 是控制字符而不是用于显示的字符，它的作用就是让主板蜂鸣器响一声。

特殊地，如果我们想输出一个不加任何转义的字符串，可以在前面加一个 r，表示 raw string，比如：

```
str2 = r'this \n will not be new line'
print(str2)
```

这段代码会输出：

```
this \n will not be new line
```

可以看到其中的\n 并没有被当作换行输出。

6.3 格式化字符串

如果仅仅是输出一个字符串，那么我们通过 print 函数就可以直接输出。但是我们可能会遇到以下几种应用情景。

- 今天是 2000 年 10 月 27 日
- 今天的最高气温是 26.7 摄氏度
- 我们支持张先生

上面 3 个字符串中，第 1 个字符串，我们希望其中的年、月、日是可变的；第 2 个字符串，我们希望温度是可变的；第 3 个字符串中，我们希望姓氏是可变的。

在最新的 Python 3.6 中，我们一共有 3 种方式可以完成这种操作，我们先看看 Python 3.6 之前的两种方法。

第 1 种是类似 C 语言中 printf 的格式化方式：

```
str1 = '今天是 %d 年 %d 月 %d 日' % (2000, 10, 27)  # %d 表示一个整数
str2 = '今天的最高气温是 %f 摄氏度' % 26.7  # %f 表示一个浮点数
str3 = '我们支持%s 先生' % '张'  # %s 表示一个字符串

print(str1)
print(str2)
print(str3)
```

对于字符串中的%d，%f，%s，可以简单理解为一个指定了数据类型的占位符，会由百分号后面的数据依次填充进去。

这段代码的输出为：

```
今天是 2000 年 10 月 27 日
今天的最高气温是 26.700000 摄氏度
我们支持张先生
```

这个 26.700000 跟我们想象的结果不太一样，有效数字太多了，那么我们怎么控制呢？

实际上在我们使用格式化字符串的时候，发生了浮点数到字符串的转换，这种转换存在一个默认的精度。要想改变这个精度，我们需要在格式化字符串的时候添加一些参数：

```
str4 = '今天的最高气温是 %.1f 摄氏度' % 26.7

print(str4)
```

这样的话，就会输出：

```
今天的最高气温是 26.7 摄氏度
```

这样就保留了一位小数。对于 %f 来说，控制有效数字的方法是%整数长度，小数长度 f，其中两个长度都是可以省略的。

这是第 1 种格式化字符串的方式，但是它需要指定类型才能输出，要记这么多占位符

有点麻烦也不太人性化，所以接下来讲解一种更加灵活的办法，就是字符串的 format 方法。

这里出现了一个陌生的名词——“方法”——一个面向对象程序设计里的概念。举个例子来简单说明：

```
object.dosomething(arg1, arg2, arg3)
```

由于还没有接触过函数的概念，因此这行代码我们暂时可以这么理解：我们对 object 这个对象以 arg1，arg2，arg3 的方式做了 dosomething 的操作，其中点表示调用相应对象的方法。总之，这里我们只要有一个模糊的认知并且知道语法就行了，具体的原理会随着学习的深入逐渐明白。

回到正题，对于字符串的 format 的方法，我们依旧是从一个例子入手：

```
str1 = '今天是 {} 年 {} 月 {} 日'.format(2000, 10, 27)
str2 = '今天的最高气温是 {} 摄氏度'.format(26.7)
str3 = '我们支持{}先生'.format('张')
print(str1)
print(str2)
print(str3)
```

format 中的参数被依次填入到了之前字符串的大括号中，所以输出为：

```
今天是 2000 年 10 月 27 日
今天的最高气温是 26.7 摄氏度
我们支持张先生
```

如果我们想改变一下浮点数输出的精度，则需要：

```
str4 = '今天的最高气温是 {0=>3.3f} 摄氏度'.format(26.7)
print(str4)
```

“3.3f”我们已经认识了，表示整数 3 位小数 3 位，前面的“0=>”是什么呢？在这之前我们先看 0 是什么意思。看另一个例子：

```
str5 = '今天是 {2} 年 {1} 月 {0} 日'.format(27, 10, 2000)
print(str5)
```

这段代码会输出：

```
今天是 2000 年 10 月 27 日
```

结合例子不难看出，“0=>”前面的 0 其实是格式化的顺序，也就是说默认格式化顺序是从左到右的，但是我们也可以显示指定这个顺序，不过如果需要用到自定义格式，这个顺序必须显式给出。

特别地，字符串在 Python 中是一个不可变的对象，format 方法的本质是创建了一个新的字符串作为返回值，而原字符串是不变的，这浪费了空间也浪费了时间，而在 Python 3.6 引入的格式串可以有效地解决这个问题。

关于格式串我们看一个例子：

```
year = 2000
month = 10
day = 27
str1 = f'今天是 {year} 年 {month} 月 {day} 日'
```

```
temp = 26.7
str2 = f'今天的最高气温是 {temp:2.1f} 摄氏度'
lastname = '张'
str3 = f'我们支持{lastname}先生'
print(str1)
print(str2)
print(str3)
```

字符串前加一个 f 表示这是一个格式串，接下来 Python 就会在当前语境中寻找大括号中的变量然后填进去，如果变量不存在会报错。

对于上面这个例子，会输出如下结果：

```
今天是 2000 年 10 月 27 日
今天的最高气温是 26.7 摄氏度
我们支持张先生
```

相对前两种格式化字符串的方式，这种方式非常灵活，比如：

```
# 字符串嵌套表达式
a = 1.5
b = 2.5
str1 = f'a + b = {a + b}'

# 字符串排版，^表示居中，数字是宽度
str2 = f'a: {a:^10}, b: {b:^10}.'

# 指定位数和精度
# 这种新格式化方式可以嵌套使用{}
width = 3
precision = 5
str3 = f'a: {a:{width}.{precision}}.'

# 进制转换
str4 = f'int: 31, hex: {31:x}, oct: {31:o}'

print(str1)
print(str2)
print(str3)
print(str4)
```

这段代码的输出是：

```
a + b = 4.0
a:    1.5    , b:    2.5    .
a: 1.5.
```

```
int: 31, hex: 1f, oct: 37
```

另外值得一提的是，如果需要取消转义，可以连用 'f' 和 'r'，比如：

```
str5 = fr'this \n will not be new line'
print(str5)
```

特殊地，如果在格式串中想输出花括号，需要两个相同的花括号连用，例如：

```
str6 = f'{{ <- these are braces -> }}'
print(str6)
```

这段代码的输出为：

```
{ <- these are braces -> }
```

可以看到大括号被正常输出。

6.4 字符串输入

Python 有一个内建的输入函数——input。我们可以通过这个函数来获取一行用户输入的文本，比如：

```
number = int(input('input your favorite number:'))  # input 中的参数是输出的提示
print(f'your favorite number is {number}')
```

由于 input 返回的是输入的字符串，如果我们需要的不是字符串，那么需要对 input 进行一次类型转换。

运行后我们可以输入 123，就可以得到这样的输出：

```
input your favorite number:123
your favorite number is 123
```

另外需要注意的是，input 一次只获取一行的内容，也就是说只要回车 input 就会立即返回当前这一行的内容，并且不会包含换行符。

6.5 字符串运算

字符串也是可以进行一些运算的，我们先看一个例子：

```
alice = 'my name is '
bob = 'Li Hua!'
print(alice + bob)
print(bob * 3)
print('Li' in bob)
print('miaomiao' not in bob)
print(alice[0:7])
```

这段代码会输出：

```
my name is Li Hua!
Li Hua!Li Hua!Li Hua!
True
True
```

```
my name
```

不难发现，字符串支持如表 6-2 所示的操作符。

表 6-2　字符串操作符

操 作 符	作　用
+	连接两个字符串，返回连接的结果
*	重复一个字符串
in	判断字符串是否包含
not in	判断字符串是否不包含
[]	截取一个或一段字符串，这个操作叫作切片

在下一章学习的时候，我们还会看到这些运算，这里有个印象就够了。

6.6 字符串内建方法

像刚刚的 format 一样，字符串还有几十种内建的方法。这里会选择一些常用的做简单介绍，其余的方法读者可以自行探索。要注意的是，所有这些方法都不会改变字符串本身的值，而是会返回一个新的字符串。

表 6-3 摘录自 Python 官方的文档，其中中括号表明是可选参数。

表 6-3　字符串内建方法

方 法 名	作　用
count(sub[, start[, end]])	返回 sub 在字符串非重叠出现的次数，可选指定开始和结束位置
find(sub[, start[, end]])	检查 sub 是否在字符串出现过，可选指定开始和结束位置
isalpha()	判断字符串是不是不为空并且全是字母
isdigit()	判断字符串是不是不为空并且全是数字
join(iterable)	以字符串为间隔，将 iterable 内的所有元素合并为一个字符串
lstrip([chars])	移除字符串左边的连续空格，如果指定字符的话则移除指定字符
replace(old, new[, count])	替换原字符串中出现的 old 为 new，可选指定最大替换次数
rstrip([chars])	移除字符串右边的连续空格，如果指定字符的话则移除指定字符
split(sep=None, maxsplit=-1)	将字符串以 sep 字符为间隔分割成一个字符串数组，如果 sep 未设置，则以一个或多个空格为间隔
startswith(prefix[, start[, end]])	判断一个字符串是否以一个字符串开始
strip([chars])	等同于同时执行 lstrip 和 rstrip
zfill(width)	用 '0' 在字符串前填充至 width 长度，如果开头有 +/- 符号会自动处理

下面举一些例子来看一看这些方法怎么使用。

6.6.1 count(sub[, start[, end]])

其中，start 和 end 均为可选参数，默认是字符串开始和结尾，比如：

```
print('这个字在这句话中出现了多少次? '.count('这'))
```

输出是：

```
2
```

6.6.2 find(sub[, start[, end]])

默认返回第一次出现的位置，找不到返回-1，比如：

```
print('这个字在这句话中出现了多少次? '.find('这'))
print('这个字在这句话中出现了多少次? '.find('不存在的'))
```

输出是：

```
0
-1
```

6.6.3 isalpha() 和 isdigit()

用来判断是不是纯数字或者纯字母，比如：

```
print('aaaaa'.isalpha())
print('11111'.isdigit())
print('a2a3a4'.isalpha())
```

输出是：

```
True
True
False
```

6.6.4 join(iterable)

理解 join 需要用到后面的知识，这里只要有一个直观的感觉就好了，比如：

```
print('.'.join(['8', '8', '4', '4']))
```

输出：

```
8.8.4.4
```

就是以特定的分割符把一个可迭代对象连接成字符串。

6.6.5 lstrip([chars]), rstrip([chars]) 和 strip([chars])

这 3 个非常方法的功能接近，比如：

```
a = '   abc   ' # abc 前后均有 3 个空格
print(repr(a.lstrip()))
print(repr(a.rstrip()))
print(repr(a.strip()))
```

输出是：

```
'abc   '
```

```
'   abc'
'abc'
```

这里为了能够清晰地看到数据的内容，我们引入了一个新的内建函数——repr，它的作用是将一个对象转化成供解释器可读取的字面量，所以我们能看到转义符号和两边的引号等等字符，因为它的输出是可以直接写到源代码中的。

从输出我们可以看出前后的空格被移除的情况。如果指定参数，则移除的就不是默认的空格，而是指定的字符了。

6.6.6　split(sep=None, maxsplit=-1)

默认以空格为分隔符进行分割，返回分割的结果，另外可以指定分隔符和最大分割次数，比如：

```
a = 'This sentence will be split to word list.'
print(a.split())
```

输出是：

```
['This', 'sentence', 'will', 'be', 'split', 'to', 'word', 'list.']
```

此外需要注意的是 split()和 split(" ")是有区别的，后者在遇到连续多个空格的时候会分割出多个空字符串。

6.6.7　startswith(prefix[, start[, end]])

判断字符串是否具有某个特定前缀，比如：

```
filename = 'image000015'
print(filename.startswith('image'))
```

输出是：

```
True
```

类似的还有 endswith 方法，用来判断后缀。

6.6.8　zfill(width)

指定一个宽度，如果数字的长度大于宽度则什么也不做，但是如果小于宽度剩下的位会用 0 补齐。比如：

```
index = '15'
filename = 'image' + index.zfill(6)
print(filename)
```

输出是：

```
image000015
```

小结

字符串是一种非常常见的数据类型，也是我们在设计程序过程中经常打交道的对象，本章介绍了 Python 中字符串如何构造和处理以及如何获得用户输入的字符串，可以看到 Python 对字符串操作还是提供了相当丰富的支持，但是这些方法不必全部记住，只要熟练掌握常用的几个方法，其他的留个印象，要用的时候再查即可。

除了操作字符串，很多时候我们需要处理一些对象的集合或者更加复杂的数据结构，所以我们下一章会学习 Python 中重要的 3 种数据结构——Tuple、List 和 Dict。

习题

1. 输入一个数字 *n*，然后输出 *n* 个 '*'。
2. 输出输入的字符串中字母 'a' 出现的次数。
3. 写一个猜数字小游戏，要能提示大了还是小了，并且有轮数限制。
4. 输入一个年份，判断是不是闰年。
5. 输入一个年月日的日期，输出它的后一天。
6. 通过搜索了解 ISBN 的校验规则，输入一个 ISBN，输出它是否正确。
7. 输入一个字符串，判断它是不是回文字符串。

第7章 Tuple，List，Dict

07 扫码看视频

在开始这一章之前，先思考一个问题，现实世界和我们编写的程序有什么关系？

现实世界的事物关系种类非常繁多复杂，例如排队的人之间的关系，超市的货架上货物的关系等，而我们编写程序的第一步正是要用结构化的逻辑结构来抽象出这些复杂关系中的内在联系，这就是计算机数据结构的来源。如果没有一个良好的数据结构，那么我们进一步编写程序的时候就会举步维艰。

本章会从数据结构的概念出发，介绍 Python 中最重要的 3 种基本数据结构——Tuple，List，Dict。

7.1 什么是数据结构

数据结构是指相互之间存在一种或多种特定关系的数据元素的集合，是计算机存储组织数据的形式。

如图 7-1 所示，我们可以将生活中的事物联系抽象为特定的 4 种数据结构——集合结构、线性结构、树形结构、图状结构。

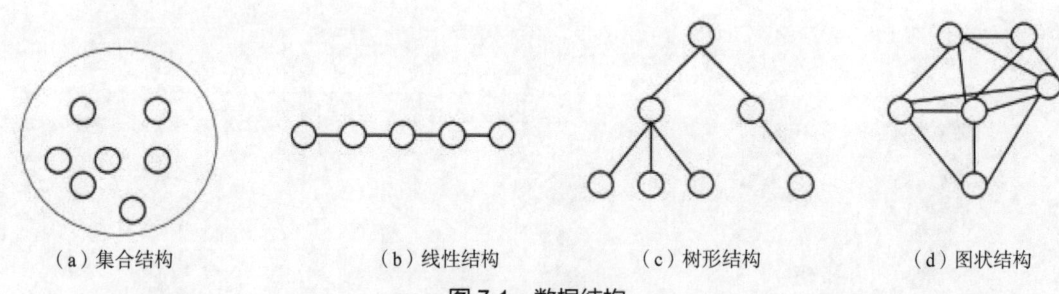

图 7-1 数据结构

1. 集合结构

在数学中集合的朴素定义是指具有某种特定性质的事物的总体，具有无序性和确定性。计算机中的集合结构顾名思义正是对生活中集合关系的抽象，比如对于一筐鸡蛋，筐就是一个集合，其中的元素就是每个鸡蛋。

2. 线性结构

线性结构和集合结构非常类似，但是线性结构是有序的并且元素之间有联系，比如排队中的人就可以看作是一个线性结构，每个人是一个元素，同时每个人记录自己前面和后面的人是谁，这样存储到计算机中后我们可以从任意一个人访问到另一个人。

3. 树形结构

树形结构直观来看就好像是把现实中的一棵树倒过来一样，从根节点开始，一个节点对应多个节点而每个节点又可以对应多个节点，比如本书的章节结构就可以看作是一个树形结构。

4. 图状结构

树形结构从本质上还是一对多的关系，但是图状结构是多对多的关系。对于生活中最复杂的关系，例如网络基础设施，老师、学生、课程的关系，用图状关系表达都是非常清晰明了的。

我们暂时不会去关心后两种复杂的结构，我们的学习会以前两种为主，因为它们直接对应了 Python 的基本数据类型。

接下来，我们依次认识一下 Tuple、List 和 Dict 吧。

7.2 Tuple（元组）

Tuple 又叫元组，是一个线性结构，它的表达形式是这样的：

```
tuple = (1, 2, 3)
```

即用一个圆括号括起来的一串对象就可以创建一个 Tuple，之所以说它是一个线性结构，是因为在元组中元素是有序的，比如我们可以这样去访问它的内容：

```
tuple1 = (1, 3, 5, 7, 9)
print(f'the second element is {tuple1[1]}')
```

这段代码会输出：

```
the second element is 3
```

这里可以看到，我们通过 "[]" 运算符直接访问了 Tuple 的内容，这个运算符我们在上一章已经见过了，但是没有深入讲解。这里我们先详细学习一下切片操作符，因为它是一个非常常用的运算符，尤其在 Tuple 和 List 中应用广泛。

7.2.1 切片

1. 背景

切片操作符和 C/C++的下标运算符非常像，但是在 C/C++ 中，“[]” 只能用来取出指定下标的元素，所以它在 C/C++ 中叫作下标运算符。

在 Python 中，这个功能被极大地扩展了——它不但能取一个元素，还能取一串元素，甚至还能隔着取、倒着取，反向取等。由于取一串元素的操作更像是在切片，所以我们称它为切片操作符。

灵活使用切片操作符，往往可以大大简化代码，这也是 Python 提供的便利之一。

2. 取一个元素

如果我们有一个 Tuple，并且我们想取出其中一个元素，我们可以使用具有一个参数的下标运算符：

```
tuple1 = (1, 3, 5, 7, 9)
```

```
print(tuple1[2])  # 取第 3 个元素而不是第 2 个
```

绝大部分编程语言下标都是从 0 开始的，也就是说在 Python 中对于一个有 *n* 个元素的 Tuple，自然数下标的范围是 0~*n*–1。

所以这里会输出 tuple1 中下标为 2 的第 3 个元素：

```
5
```

这是切片操作符最简单的形式，它只接收一个参数（就是元素的下标），也就是上面例子里的 2。

特别地，Python 支持负数下标，表示从结尾倒着取元素，比如我们如果想取出最后一个元素：

```
print(tuple1[-1])
```

但是要注意的是负数下标是从–1 开始的，所以对于一个含有 *n* 个元素的 Tuple，它的负数下标范围为–1~-*n*，因此这里得到的是下标为 4 的最后 1 个元素，输出为：

```
9
```

如果我们取了一个超出范围的元素：

```
print(tuple1[5])
```

那么 Python 解释器会抛出一个 IndexError 异常：

```
Traceback (most recent call last):
  File "/Users/jiangjiao/PycharmProjects/LearnPythonWithPractice/Chapter 7/Slice.
py", line 6, in <module>
    print(tuple1[5])
IndexError: tuple index out of range
```

这个异常的详细信息是下标超出了范围。如果遇到这种情况，我们就需要检查一下代码是不是访问了不存在的下标。

3. 取连续的元素

先看一个例子：

```
tuple1 = (1, 3, 5, 7, 9)
print(tuple1[0:3])
```

这段代码会输出：

```
(1, 3, 5)
```

我们会发现结果仍然是一个 Tuple，由第 1 个到第 4 个元素之间的元素构成，其中包含第 1 个元素，但是不包含第 4 个元素。

这种切片操作接收两个参数——开始下标和结束下标，中间用分号隔开，也就是上面例子中的 0 和 3，但是要注意的是元素下标区间是左闭右开的。如果对之前讲循环时候的 range 还有印象的话，可以发现它们区间都是左闭右开的，这是 Python 中的一个规律。

特殊地，如果我们从第 0 个开始取，或者我们要一直取到最后一个，我们可以省略相应的参数，比如：

```
print(tuple1[:3])
print(tuple1[3:])
```

第 1 句表示从第 1 个元素取到第 3 个元素，第 2 句表示从第 4 个元素取到最后一个，所以输出为：

```
(1, 3, 5)
(7, 9)
```

同样地，这里也可以使用负下标，比如：

```
print(tuple1[:-1])
```

表示从第 1 个元素取到倒数第 2 个元素，所以输出为：

```
(1, 3, 5, 7)
```

4. 以固定间隔取连续的元素

上述取连续元素的操作其实还可以进一步丰富，比如下面这个例子：

```
tuple1 = (1, 3, 5, 7, 9)
print(tuple1[1:4:2])
```

这段代码会输出：

```
(3, 7)
```

这里表示的含义就是从第 2 个元素取到第 5 个元素，每 2 个取第一个。于是我们取出了第 2 个和第 4 个元素。这也是切片操作符的完整形式，即 [开始:结束:间隔]，例如上面的 [1:4:2]。

特殊地，这个间隔可以是负数，表示反向间隔，例如：

```
print(tuple1[::-1])
```

这句代码会输出：

```
(9, 7, 5, 3, 1)
```

可以看出就是翻转了整个 Tuple。

7.2.2 修改

这里说“修改”并不是原位的修改，因为 Tuple 的元素一旦指定就不可再修改，而是通过创建一个新的 Tuple 来实现修改，比如下面这个例子：

```
tuple1 = (1, 3, 5, 7, 9)
tuple2 = (2, 4, 6, 8)
tuple3 = tuple1 + tuple2
print(tuple3)
tuple4 = tuple1 * 2
print(tuple4)
```

这段代码会输出：

```
(1, 3, 5, 7, 9, 2, 4, 6, 8)
(1, 3, 5, 7, 9, 1, 3, 5, 7, 9)
```

可以看到我们通过创建 tuple3 和 tuple4，“修改”了 tuple1 和 tuple2。

同时要注意的是，之前在讲字符串的时候提到的加法和乘法对 Tuple 的操作也是类似的，效果分别是两个 Tuple 元素合并为一个新的 Tuple 和重复自身元素返回一个新的 Tuple。

7.2.3 遍历

遍历有两种方法：

```
# for 循环遍历
for item in tuple1:
    print(f'{item} ', end='')

# while 循环遍历
index = 0  # 下标
while index < len(tuple1):
    print(f'{tuple1[index]} ', end='')
    index += 1
```

这段代码会输出：

```
1 3 5 7 9 1 3 5 7 9
```

我们在 print 函数中加了一个使结束符为空的参数，这个用法会在下一章函数中讲到，这里只要知道这样会使 print 不再自动换行就行了。

我们可以通过一个 for 循环或者 while 循环直接顺序访问元组的内容。显然 for 循环不仅可读性高而且更加简单，在大多数情况下应该优先采用 for 循环。

另外值得一提的是，之所以 Tuple 可以这样用 for 遍历是因为 Tuple 包括后面马上要提到的 List 和 Dict 对象本身是一个可迭代的对象，这个概念之后会细讲，这里只要学会 for 循环的用法就行了。

7.2.4 查找

在 Tuple 中查找元素可以用 in，比如：

```
if 3 in tuple1:
    print('We found 3!')
else:
    print('No 3!')
```

这段代码会输出：

```
We found 3!
```

in 是一个使用广泛的判断包含的运算符，类似地还有 not in。in 的作用就是判断特定元素是否在某个对象中，如果包含就返回 True，否则返回 False。

7.2.5 内置函数

此外有一些内置函数可以作用于 Tuple 上，比如：

```
print(len(tuple1))
print(max(tuple1))
print(min(tuple1))
```

从上到下分别是求 tuple1 的长度、tuple1 中最大的元素、tuple2 中最小的元素。

这些函数对接下来即将讲到的 List 和 Dict 也有类似的作用。

7.3 List（列表）

List 又叫列表，也是一个线性结构，它的表达形式是：

```
list1 = [1, 2, 3, 4, 5]
```

List 的性质和 Tuple 是非常类似的，上述 Tuple 的操作都可以用在 List 上，但是 List 有一个最重要的特点就是元素可以修改，所以 List 的功能要比 Tuple 的功能更加丰富。

由于 List 的查找和遍历语法和 Tuple 是完全一致的，所以这里就不再赘述了，我们把主要精力放到 List 的特性上。

7.3.1 添加

之前已经提到了，List 是可以修改的，因此我们可以在尾部添加一个元素，比如：

```
list1 = [1, 2, 3, 4, 5]

# 下面是一种标准的错误做法
# list1[5] = 6
# 这样会报 IndexError

# 下面才是正确做法
list1.append(6)
print(list1)
```

这段代码会输出：

```
[1, 2, 3, 4, 5, 6]
```

append 方法的作用是在 List 后面追加一个元素，类似地，我们还有 extend 和 insert 可以用于添加元素，比如：

```
list2 = [8, 9, 10, 11]
list1.extend(list2)
print(list1)
list1.insert(0, 8888)
print(list1)
```

这段代码会输出：

```
[1, 2, 3, 4, 5, 6, 8, 9, 10, 11]
[8888, 1, 2, 3, 4, 5, 6, 8, 9, 10, 11]
```

extend 接收一个参数，内容为要合并进这个 list 的一个可迭代对象，所以这里可以传入一个 List 或者 Tuple。

insert 接收两个参数，分别是下标和被插入的对象，可以在指定下标位置插入指定对象。

7.3.2 删除

由于 List 元素是可以修改的，因此删除也是允许的，List 删除元素有 3 种方法。

1. del 操作符

del 是一个 Python 内建的一元操作符，只有一个参数是被删除的对象，比如：

```
list1 = [1, 2, 3, 4, 5]
del list1[1]

print(list1)
```

这段代码会输出：

```
[1, 3, 4, 5]
```

del 一般用来删除指定位置的元素。

2. pop 方法

pop 方法没有参数，默认删除最后一个元素，比如：

```
list1 = [1, 2, 3, 4, 5]
print(list1.pop())

print(list1)
```

这段代码会输出：

```
5
[1, 2, 3, 4]
```

3. remove 方法

remove 方法接收一个参数，为被删除的对象，比如：

```
list1 = [1, 1, 2, 3, 5]
list1.remove(1)

print(list1)
```

这段代码会输出：

```
[1, 2, 3, 5]
```

同时我们也可以看出 remove 是从前往后查找，删除第一个遇到相等的元素。

7.3.3 修改

List 可以在原位进行修改，直接用下标访问就可以，比如：

```
list1 = [1, 2, 3, 4, 5]
list1[2] = 99999

print(list1)
```

这段代码会输出：

```
[1, 2, 99999, 4, 5]
```

这样第 3 个元素就被修改了。

还记得我们刚刚学习的切片操作符吗？对于 List 来说可以一次修改一段值，比如：

```
list1 = [1, 2, 3, 4, 5]
list1[2:4] = [111, 222]
```

```
print(list1)
```

这段代码会输出：

```
[1, 2, 111, 222, 5]
```

也可以等间隔赋值：

```
list1 = [1, 2, 3, 4, 5]
list1[::2] = [111, 222, 333]


print(list1)
```

这段代码会输出：

```
[111, 2, 222, 4, 333]
```

很多时候我们希望在遍历过程中修改值，那么就有了问题，如果我们删除了一个值，那么之后会不会遍历到已删除的值？而如果我们在尾部添加了一个值，那么之后新添加的值会不会被遍历到？在Python中遍历List时候修改值是完全安全的，不会遍历到删除的值并且新添加的值会正常遍历。我们看一个例子：

```
# 这样不能修改内容，因为 item 是一个副本
for item in list1:
    item += 1

print(list1)  # 依旧是[1, 2, 3, 4, 5]

# 我们需要访问原来的 List
for index, item in enumerate(list1):
    list1[index] += 1  # 这样访问是安全的
    if index == 3:
        list1.append(6)  # append 也是安全的，添加的 6 也会被遍历到

print(list1)  # 输出是[2, 3, 4, 5, 6, 7]
```

在for循环中的建立的循环变量item只是原对象list1中元素的一个副本，所以直接修改item不会对list1造成任何影响，我们依旧需要用下标或者List的方法来修改list1的值。

之前我们都是通过while来完成跟下标有关的循环的，这里就介绍一下如何用for来进行下标相关的循环，那就是利用 enumerate 返回一个迭代器，这个迭代器可以同时生成下标和对应的值用于遍历。当然由于我还没有讲到函数和面向对象的相关知识，这里只要有个印象即可，能模仿使用更好。

7.3.4 排序和翻转

很多时候，我们希望数据是有序的，而List提供了sort方法用于排序，reverse方法用于翻转，比如：

```
list1 = [1, 2, 3, 4, 5]
list1.reverse()
print(list1)
```

```
list1.sort()
print(list1)
list1.sort(reverse=True)
print(list1)
```

这段代码会输出：

```
[5, 4, 3, 2, 1]
[1, 2, 3, 4, 5]
[5, 4, 3, 2, 1]
```

第 1 个 reverse 方法的作用就是将 List 前后翻转；第 2 个 sort 方法是将元素从小到大排列；第 3 个 sort 加了一个 reversed=True 的参数，所以它会从大到小排列元素。

7.3.5 推导式

列表推导式是一种可以快速生成 List 的方法。

比如我们想生成一个含有 0~100 中所有偶数的列表可能会这么写：

```
list1 = []

for i in range(101):
    if i%2 == 0:
        list1.append(i)

# 现在 list1 含有 0~100 中所有偶数
```

但是如果使用列表推导式，只用一行即可：

```
list1 = [i for i in range(101) if i%2 == 0] # 和上述写法的效果等价
```

怎么理解这个语法呢？这里的语法很像经典集合论中对集合的定义，其中最开始的 i 是代表元素，而后面的 for i in range(101) 说明了这个元素的取值范围，最后的一个 if 是限制条件。

同时代表元素还可以做一些简单的运算，比如：

```
list1 = [i*i for i in range(10)]
print(list1)
```

这里输出的结果是：

```
[0, 1, 4, 9, 16, 25, 36, 49, 64, 81]
```

这里我们依靠列表推导式就快速生成了 100 以内的完全平方数。

另外值得一提的是，列表推导式不仅简洁、可读性高，更关键的是相比之前的循环生成列表推导式的效率要高得多，因此在写 Python 代码时应该善于使用列表推导式。

7.4 Dict（字典）

Dict 中文名为字典，与上面的 Tuple 和 List 不同，是一种集合结构，因为它满足集合的 3 个性质，即无序性、确定性和互异性。创建一个字典的语法是：

```
zergling = {'attack': 5, 'speed': 4.13, 'price': 50}
```

这段代码我们定义了一个 zergling，它拥有 5 点攻击力，具有 4.13 的移动速度，消耗 50 块钱。

Dict 使用花括号，里面的每一个对象都需要有一个键，我们称之为 Key，也就是冒号前面的字符串，当然它也可以是 int、float 等基础类型。冒号后面的是值，我们称之为 Value，同样可以是任何基础类型。所以 Dict 除了被叫作字典以外还经常被称为键值对、映射等。

Dict 的互异性体现在它的键是唯一的，如果我们重复定义一个 Key，后面的定义会覆盖前面的，比如：

```
# 请不要这么做
zergling = {'attack': 5, 'speed': 4.13, 'price': 50, 'attack': 6}
print(zergling['attack'])
```

这段代码会输出：

```
6
```

相比 Tuple 和 List，Dict 的特点就比较多了，如下所示。

- 查找比较快；
- 占用更多空间；
- Key 不可重复，且不可变；
- 数据不保证有序存放。

这里最重要的特点就是查找速度快，对于一个 Dict 来说无论元素有 10 个还是 10 万个，查找某个特定元素花费的时间都是相近的，而 List 或者 Tuple 查找特定元素花费的时间会随着元素数目的增长而线性增长。

7.4.1 访问

Dict 的访问和 List 与 Tuple 类似，但是必须要用 Key 作为索引：

```
print(zergling['price'])
# 注意 Dict 是无序的，所以没有下标
# print(zergling[0])
```

这里会输出：

```
50
```

如果执行注释里的错误用法，会抛出 KeyError 异常，因为 Dict 是无序的，所以无法用下标去访问，报错为：

```
Traceback (most recent call last):
  File "/Users/jiangjiao/PycharmProjects/LearnPythonWithPractice/Chapter 7/
Dict.py", line 8, in <module>
    print(zergling[0])
KeyError: 0
```

为了避免访问不存在的 Key，这里有 3 种办法。

1. 使用 in

第 1 种办法是使用 in 操作符，比如：

```
if 'attack' in zergling:
    print(zergling['attack'])
```

in 操作符会在 Dict 所有的 Key 中进行查找，如果找到就会返回 True，反之返回 False，因此可以确保访问的时候 Key 一定是存在的。

2. 使用 get 方法

第 2 种办法是使用 get 方法，比如：

```
print(zergling.get('attack'))
```

get 方法可以节省一个 if 判断，它如果访问了一个存在的 Key，则会返回对应的 Value，反之返回 None。

3. 使用 defaultdict

这种办法需要用到一个 import，它的作用是导入一个外部的包，这里仅了解一下即可。

```
from collections import defaultdict
zergling = defaultdict(None)
zergling['attack'] = 5
print(zergling['armor'])
```

这段代码会输出：

```
None
```

可以看到 defaultdict 在访问不存在的 Key 的时候会直接返回 None。

7.4.2 修改

修改 Dict 中的 Value 非常简单，和 List 类似，只要直接赋值即可：

```
zergling['speed'] = 5.57
```

7.4.3 添加

添加的方式和 Python 中声明变量的方法类似，比如：

```
zergling['targets'] = 'ground'  # zergling 中原来并没有 targets 这个 key!
```

和 List 不同的是，由于 Dict 没有顺序，所以 Dict 不使用 append 等方法进行添加，而是只要对要添加的 Key 直接赋值就会自动创建新 Key，当然如果 Key 已经存在的话会覆盖原来的值。

还有一种与上面 get 方法对应的操作，就是调用 setdefault 的方法：

```
zergling = {'attack': 5, 'speed': 4.13, 'price': 50}
print(zergling.setdefault('targets', 'ground'))
                                        # 不存在 targets 这个 key，因此赋值为 ground
print(zergling.setdefault('speed', 5.57)) # 存在 speed 这个 key，因此什么都不做
```

这段代码会输出：

```
ground
4.13
```

setdefault 是一个复合的 get 操作，它接收两个参数，分别是 Key 和 Value。首先它会尝试去访问这个 Key，如果存在则返回它对应的值，如果不存在，则创建这个 Key 并将值设

置为 Value，然后返回 Value。

7.4.4 删除

和之前 List 的删除类似，可以使用 del 来删除，比如：

```
del zergling['attack']
```

当然除了 del，Dict 也提供了 pop 方法来删除元素，不过稍有区别，比如：

```
zergling.pop('attack')
```

可以看到 Dict 删除元素的时候需要一个 Key 作为参数，那么有没有像 List 那种方便的 pop 呢？这就要用到 popitem 了，比如：

```
zergling.popitem()
```

但是要注意的是，由于 Dict 本身的无序性，这里 popitem 删除的是最后一次插入的元素。

7.4.5 遍历

由于 Dict 由 Key 和 Value 构成，因此 Dict 的遍历是跟 Tuple 和 List 有些区别的。我们先看看如何单独获得 Key 和 Value 的集合：

```
zergling = {'attack': 5, 'speed': 4.13, 'price': 50}
print(zergling.keys())
print(zergling.values())
```

这段代码会输出：

```
dict_keys(['attack', 'speed', 'price'])
dict_values([5, 4.13, 50])
```

我们注意到，这两个输出前面带有 dict_keys 和 dict_values，因为这两个方法的返回值是特殊的对象而不是 List，所以不能直接使用下标访问，比如：

```
print(zergling.keys()[0]) # 错误!
```

直接下标访问会报错：

```
Traceback (most recent call last):
  File "/Users/jiangjiao/PycharmProjects/LearnPythonWithPractice/Chapter 7/
Dict.py", line 30, in <module>
    print(zergling.keys()[0])
TypeError: 'dict_keys' object does not support indexing
```

它们的用途是遍历，我们可以用 for 循环去遍历：

```
for key in zergling.keys():
    print(key, end=' ')  # 避免换行
```

这段代码会输出：

```
attack speed price
```

类似地，还有一个 items 方法，可以同时遍历 Key、Value 对，和之前讲到的 enumerate 非常类似，比如：

```
for key, value in zergling.items():
    print(f'key={key}, value={value}')
```

这段代码会输出：

```
key=attack, value=5
key=speed, value=4.13
key=price, value=50
```

这样就可以遍历整个 Dict 了，不过有一点要注意的是，在遍历过程中可以修改但是不能添加删除，比如：

```
for k,v in zergling.items():
    zergling['attack'] = 'ground'  # attack本身不存在，改变了Dict的大小，错误!
```

这样是会报错的，但是修改已有的值是没问题的，比如：

```
for k,v in zergling.items():
    zergling['speed'] = 4.5  # 修改是安全的
```

这一点要尤其注意。

7.5 嵌套

只有 Tuple、List、Dict 往往是不够的，我们有时候需要表示更加复杂的对象，因此这时候我们就需要嵌套使用这 3 种类型，比如如果我们想表示一艘航空母舰：

```
carrier = {
    'cost': {
        'mineral': 350,
        'gas': 250,
        'supply': 6,
        'build_time': 86
    },
    'type': [
        'air',
        'massive',
        'mechanical'
    ],
    'sight': 12,
    'attack': 0,
    'armor': 2
}
```

有了这种操作，我们就可以存储关系非常复杂的数据了，然后可以通过如下的方式去访问嵌套的元素：

```
if 'air' in carrier['type']:
    print('这个单位需要对空火力才能被攻击')


print(f'这个单位生成需要 {carrier["cost"]["mineral"]} 晶矿, {carrier["cost"]["gas"]} 高能瓦斯。')
```

这段代码会输出：

```
这个单位需要对空火力才能被攻击
这个单位生成需要 350 晶矿，250 高能瓦斯。
```

可以看出，我们如果使用嵌套的 Tuple、List、Dict，可以通过一层一层地访问去访问或者修改，比如 carrier 本身就是一个 Dict，因此我们可以用 Key 访问，接着 carrier["cost"] 又返回了一个 Dict，于是我们依旧需要用 Key 访问，所以我们最终是用 carrier["cost"]["mineral"] 这种方式访问到了我们想要的数据。

7.6 字符串与 Tuple

7.6.1 访问

字符串实际上和 Tuple 非常相似，它本身可以像 Tuple 一样去用下标访问单个字符，但是不能修改，比如：

```
str1 = 'En Taro Tassadar'
print(str1[0])  # 输出 E
# 这样是错误的
# str1[0] = 'P'
```

如果按照注释里修改的话，会报错：

```
Traceback (most recent call last):
  File "/Users/jiangjiao/PycharmProjects/LearnPythonWithPractice/Chapter 7/String.
py", line 5, in <module>
    str1[0] = 'P'
TypeError: 'str' object does not support item assignment
```

正如 Tuple 一样，字符串也是一种不可修改的类型，任何形式的“修改”都是创建一个新的对象来完成。

7.6.2 遍历

和 Tuple 类似，字符串也可以用 for 循环来遍历：

```
for char in str1:
    print(char, end='')
```

这段代码会输出：

```
En Taro Tassadar
```

小结

Tuple、List 和 Dict 是 Python 中非常重要的 3 种基本类型，其中 Tuple 和 List 有许多共性，但是 Tuple 是不可修改的，而 List 允许修改要更灵活一些，而 Dict 是最灵活的，它可以存储任何类型的键值对而且可以快速地查找。同时 3 种类型又可以相互嵌套形成更复杂的数据结构，这对组织结构化的数据是极有帮助的，所以一定要完全掌握它们的用法。

光有数据是不能构成一个程序的，为了使程序的逻辑更加清晰，减少重复代码，我们下一章会学习一个重要的概念——函数。

习题

1．统计英文句子 "python is an interpreted language" 有多少个单词。

2．统计英文句子 "python is an interpreted language" 有多少个字母 'a'。

3．使用 input 输入一个字符串，遍历每一个字符来判断它是不是全是小写英文字母或者数字。

4．输入一个字符串，反转它并输出。

5．统计一个英文字符串中每个字母出现的次数。

6．输出前 20 个质数。

7．设计一个嵌套结构，使它可以表示一个学生的全面信息——包括姓名、年龄、学号、班级、所有课的成绩等。

第 8 章 函数

还记得我们上一章提到过的一个“内置函数”max 吗？对于不同的 List 和 Tuple，这个函数总能给出正确的结果——当然有人说用 for 循环实现也很快很方便，但是有多少个 List 或 Tuple 就要写多少个完全重复的 for 循环，这是很让人厌烦的，这时候就需要函数出场了。

08 扫码看视频

本章会从数学中的函数引入，详细讲解 Python 中函数的基本用法。

8.1 认识 Python 的函数

函数的数学定义为：给定一个数集 A，对 A 施加对应法则 f，记作 $f(A)$，得到另一数集 B，也就是 $B=f(A)$，那么这个关系式就叫函数关系式，简称函数。

数学中的函数其实就是 A 和 B 之间的一种关系，我们可以理解为从 A 中取出任意一个输入都能在 B 中找到特定的输出；在程序中，函数也是完成这样的一种输入到输出的映射，但是程序中的函数有着更大的意义。

它首先可以减少重复代码，因为我们可以把相似的逻辑抽象成一个函数，减少重复代码，其次它又可以使程序模块化并且提高可读性。

以之前我们多次用到的一个函数 print 为例：

```
print('Hello, Python!')
```

由于 print 是一个函数，因此我们不用再去实现一遍打印到屏幕的功能，减少了大量的重复代码，同时看到 print 我们就可以知道这一行是用来打印的，可读性自然就提高了，另外如果打印出现问题我们只要去查看 print 函数的内部就可以了而不用再去看 print 以外的代码，这体现了模块化的思想。

但是，内置函数的功能非常有限，我们需要根据实际需求编写我们自己的函数，这样才能进一步提高我们程序的简洁性、可读性和可扩展性。

8.2 函数的定义和调用

8.2.1 定义

和数学中的函数类似，Python 中的函数需要先定义才能使用，比如：

```
def ask_me_to(string):
    print(f'You want me to {string}?')
    if string == 'swim':
        return 'OK!'
```

```
    else:
        return "Don't even think about it."
```

这是一个基本的函数定义，其中第 1、4、6 行是函数特有的，其他我们都已经学习过了。

我们先看第 1 行：

```
def ask_me_to(string):
```

这一行有以下 4 个关键点。

- def：函数定义的关键字，写在最前面。
- ask_me_to：函数名，命名要求和变量一致。
- (string)：函数的参数，多个参数用逗号隔开。
- 结尾冒号：函数声明的语法要求。

然后是第 2 到第 5 行：

```
print(f'You want me to {string}?')
if string == 'swim':
    return 'OK!'
else:
    return "Don't even think about it."
```

它们都缩进了 4 个空格，意味着它们构成了一个代码块，同时从第 2 行可以看到函数内是可以接着调用函数的。

我们接着再看第 4 行：

```
return 'OK!'
```

这里引入了一个新关键字——return，它的作用是结束函数并返回到之前调用函数处的下一句。返回的对象是 return 后面的表达式，如果表达式为空则返回 None。第 6 行和第 4 行功能相同，这里不再赘述。

8.2.2 调用

在数学中函数需要一个自变量才会得到因变量，Python 的函数也是一样，只是定义的话并不会执行，还需要调用，比如：

```
print(ask_me_to('dive'))
```

注意这里是两个函数嵌套，首先调用的是我们自定义的函数 ask_me_to，接着 ask_me_to 的返回值传给了 print，所以会输出 ask_me_to 的返回值：

```
You want me to dive?
Don't even think about it.
```

定义和调用都很好理解，接下来我们看看函数的参数怎么设置。

8.3 函数的参数

Python 的函数参数非常灵活，我们已经学习了最基本的一种，比如：

```
def ask_me_to(string):
```

它拥有一个参数，名字为 string。

函数参数的个数可以为 0 个或多个，比如：

```
def random_number():
    return 4  # 刚用骰子扔的，绝对随机
```

我们可以根据需求去选择参数个数，但是要注意的是即使没有参数，括号也不可省略。

Python 的一个灵活之处在于函数参数形式的多样性，有以下几种。

- 不带默认参数的：def func(a):。
- 带默认参数的：def func(a, b=1):。
- 任意位置参数：def func(a, b=1, *c):。
- 任意键值参数：def func(a, b=1, *c, **d):。

第 1 种就是我们刚才讲到的一般形式，我们来看一看剩下 3 种如何使用。

8.3.1 默认参数

有时候某个函数参数大部分时候为某个特定值，于是我们希望这个参数可以有一个默认值，这样就不用频繁指定相同的值给这个参数了。默认参数的用法看下面一个例子：

```
def print_date(year, month=1, day=1):
    print(f'{year:04d}-{month:02d}-{day:02d}')
```

这是一个格式化输出日期的函数，注意其中月份和天数参数我们用一个等号表明赋了默认值。于是我们可以分别以 1、2、3 个参数调用这个函数，同时也可以指定某个特定参数，比如：

```
print_date(2018)
print_date(2018, 2, 1)
print_date(2018, 5)
print_date(2018, day=3)
print_date(2018, month=2, day=5)
```

这段代码会输出：

```
2018-01-01
2018-02-01
2018-05-01
2018-01-03
2018-02-05
```

我们依次看一下这些调用。

1．print_date(2018) 这种情况下由于默认参数的存在等价于 print_date(2018, 1, 1)。

2．print_date(2018, 2, 1) 这种情况下所有参数都被传入了，因此和无默认参数的行为是一致的。

3．print_date(2018, 5) 省略了 day，因为参数是按照顺序传入的。

4．print_date(2018, day=3) 省略了 month，由于和声明顺序不一致，所以必须声明参数名称。

5．print_date(2018, month=2, day=5) 全部声明也是可以的。

使用默认参数可以让函数的行为更加灵活。

8.3.2　任意位置参数

如果函数想接收任意数量的参数，那么我们可以这样声明使用：

```
def print_args(*args):
    for arg in args:
        print(arg)
print_args(1, 2, 3, 4)
```

诊断代码会输出：

```
1
2
3
4
```

任意位置参数的特点就是它只占一个参数，并且以 * 开头。其中 args 为一个 List，包含了所有传入的参数，顺序为调用时候传参的顺序。

8.3.3　任意键值参数

除了接受任意数量的参数，如果我们希望给每个参数一个名字，那么我们可以这么声明参数：

```
def print_kwargs(**kwargs):
    for kw in kwargs:
        print(f'{kw} = {kwargs[kw]}')
print_kwargs(a=1, b=2, c=3, d=4)
```

这段代码会输出：

```
a = 1
b = 2
c = 3
d = 4
```

和之前讲过的任意位置参数使用非常类似，但是 kwargs 这里是一个 Dict，其中 Key 和 Value 为调用时候传入的参数名称和值，顺序和传参顺序一致。

8.3.4　组合使用

我们现在知道了这 4 类参数，它们可以同时使用，但是需要满足一定的条件，比如：

```
def the_ultimate_print_args(arg1, arg2=1, *args, **kwargs):
    print(arg1)
    print(arg2)
    for arg in args:
        print(arg)
    for kw in kwargs:
        print(f'{kw} = {kwargs[kw]}')
```

可以看出，4 种参数在定义时应该满足这样的顺序：非默认参数、默认参数、任意位置参数、任意键值参数。

调用的时候，参数分两类——位置相关参数和无关键词参数，比如：

```
the_ultimate_print_args(1, 2, 3, arg4=4)  # 1、2、3是位置相关参数，arg4=4是关键词参数
```

这句代码会输出：

```
1
2
3
arg4 = 4
```

其中前3个就是位置相关参数，最后一个是关键词参数。位置相关参数是顺序传入的，而关键词参数则可以乱序传入，比如：

```
the_ultimate_print_args(arg3=3, arg2=2, arg1=3, arg4=4)  # 这里arg1和arg2是乱序的！
```

这句代码会输出：

```
3
2
arg3 = 3
arg4 = 4
```

总之在调用的时候参数顺序应该满足的规则如下。

- 位置相关参数不能在关键词参数之后。
- 位置相关参数优先。

这么看太抽象，不如看看两个错误用法，第1个：

```
the_ultimate_print_args(arg4=4, 1, 2, 3)
```

这句代码会报错：

```
Traceback (most recent call last):
  File "/Users/jiangjiao/PycharmProjects/LearnPythonWithPractice/Chapter 8/Parameters.py", line 43
    the_ultimate_print_args(arg4=4, 1, 2, 3)
                                   ^
SyntaxError: positional argument follows keyword argument
```

报错的意思是位置相关参数不能在关键词参数之后。也就是说，必须先传入位置相关参数，再传入关键词参数。

再看第2个错误用法：

```
the_ultimate_print_args(1, 2, arg1=3, arg4=5)
```

这句代码会报错：

```
Traceback (most recent call last):
  File "/Users/jiangjiao/PycharmProjects/LearnPythonWithPractice/Chapter 8/Parameters.py", line 41, in <module>
    the_ultimate_print_args(1, 2, arg1=3, arg4=5)
TypeError: the_ultimate_print_args() got multiple values for argument 'arg1'
```

报错意思是函数的参数 arg1 接收到了多个值。也就是说，位置相关参数会优先传入，如果再指定相应的参数那么就会发生错误。

8.3.5 修改传入的参数

先补充有关传入参数的两个重要概念。

- 按值传递：复制传入的变量，传入函数的参数是一个和原对象无关的副本。
- 按引用传递：直接传入原变量的一个引用，修改参数就是修改原对象。

在有些编程语言中，可能是两种传参方式同时存在可供选择，但是 Python 只有一种传参方式，就是按引用传递，比如：

```
list1 = [1, 2, 3]
def new_element(mylist):
   mylist.append(4)  # mylist 是一个引用!


new_element(list1)
print(list1)
```

注意我们在函数内通过 append 修改了 mylist 的元素，由于 mylist 是 list1 的一个引用，因此实际上我们修改的就是 list1 的元素，所以这段代码会输出：

```
[1, 2, 3, 4]
```

这是符合我们的预期的，但是我们看另一个例子：

```
num = 1
def edit_num(number):
   number += 2
edit_num(num)
print(num)
```

按照之前的理论，number 应该是 num 的一个引用，所以这里应该输出 3，但是实际上输出是：

```
1
```

为什么会这样呢？在第 6 章，我们提到了：特别地，字符串是一个不可变的对象。实际上，包括字符串在内，数值类型和 Tuple 也是不可变的，而这里正是因为 num 是不可变类型，所以函数的行为不符合我们的预期。

为了深入探究其原因，我们引入一个新的内建函数 id，它的作用是返回对象的 id。对象的 id 是唯一的，但是可能有多个变量引用同一个对象，比如下面这个例子：

```
alice = 32768
bob = alice      # 看起来我们赋值了
print(id(alice))
print(id(bob))
alice += 1       # 这里要修改 alice
print(id(alice))
print(id(bob))
print(alice)
```

```
print(bob)
```

我们可以得到这样的输出（这里 id 的输出不一定与本书一致，但是第 1、2、4 个 id 应该是相同的）：

```
4320719728
4320719728
4320720144
4320719728
32769
32768
```

其实除了函数参数是引用传递，Python 变量的本质就是引用。这也就意味着我们在把 alice 赋值给 bob 的时候，实际上是把 alice 的引用给了 bob，于是这时候 alice 和 bob 实际上引用了同一个对象，因此 id 相同。

接下来，我们修改了 alice 的值，可以看到 bob 的值并没有改变，这符合我们的直觉。但是从引用上看，实际发生的操作是，bob 的引用不变，但是 alice 获得了一个新对象的引用，这个过程充分体现了数值类型不可变的性质——已经创建的对象不会修改，任何修改都是新建一个对象来实现。

实际上，对于这些不可变类型，每次修改都会创建一个新的对象，然后修改引用为新的对象。在这里，alice 和 bob 已经引用两个完全不同的对象了，这两个对象占用的空间是完全不同的。

那么回到最开始的问题，为什么这些不可变对象在函数内的修改不能体现在函数外呢？虽然函数参数的确引用了原对象，但是我们在修改的时候实际上是创建了一个新的对象，所以原对象不会被修改，这也就解释了刚才的现象。如果一定要修改的话，可以这么写：

```
num = 1
def edit_num(number):
    number += 2
    return number
num = edit_num(num)
print(num)  # 会输出 3
```

这样输出就是我们预期的 3 了。

特殊地，这里举例用了一个很大的数字是有原因的。由于 0~256 这些整数使用得比较频繁，为了避免小对象的反复内存分配和释放造成内存碎片，所以 Python 对 0~256 这些数字建立了一个对象池。

```
alice = 1
bob = 1
print(id(alice))
print(id(bob))
```

我们可以得到输出为（这里输出的两个 id 应该是一致的，但是数字不一定跟本书中的相同）：

```
4482894448
4482894448
```

可以看出，虽然 alice 和 bob 无关，但是它们引用的是同一个对象，所以为了方便说明之前取了一个比较大的数字用于赋值。

8.4 函数的返回值

8.4.1 返回一个值

函数在执行的时候，会在执行到结束或者 return 语句的时候返回调用的位置。如果我们的函数需要返回一个值，那我们需要用 return 语句，比如最简单地返回一个值：

```
def multiply(num1, num2):
    return num1 * num2


print(multiply(3, 5))
```

这段代码会输出：

```
15
```

这个 multiply 函数将输入的两个参数相乘，然后返回结果。

8.4.2 什么都不返回

如果我们不想返回任何内容，可以只写一个 return，它会停止执行后面的代码立即返回，比如：

```
def guess_word(word):
    if word != 'secret':
        return  # 等价于 return None
    print('bingo')


guess_word('absolutely not this one')
```

这里只要函数参数不是'secret'就不会输出任何内容，因为 return 后面的代码不会被执行。另外，return 跟 return None 是等价的，也就是说默认返回的是 None。

8.4.3 返回多个值

和大部分编程语言不同，Python 支持返回多个参数，比如：

```
def reverse_input(num1, num2, num3):
    return num3, num2, num1
a, b, c = reverse_input(1, 2, 3)
print(a)
print(b)
print(c)
```

这里要注意接收返回值的时候不能再像之前用一个变量，而是要用和返回值数目相同的变量接收，其中返回值赋值的顺序是从左到右的，跟直觉一致。

```
3
```

```
2
1
```

所以这个函数的作用就是把输入的3个变量顺序翻转一下。

8.5 函数的嵌套

我们可以在函数内定义函数，这对于简化函数内重复逻辑很有用，比如：

```
def outer():
    def inner():
        print('this is inner function')
    print('this is outer function')
    inner()

outer()
```

这段代码会输出：

```
this is outer function
this is inner function
```

需要注意的一点是，内部的函数只能在它所处的代码块中使用，在上面这个例子中，inner 在 outer 外面是不可见的，这个概念叫作作用域。

8.5.1 作用域

作用域是一个很重要的概念，我们看一个例子：

```
def func1():
    x1 = 1

def func2():
    print(x1)
func1()
func2()
```

这里函数 func2 中能正常输出 x1 的值吗？

答案是不能。为了解决这个问题，我们需要学 Python 的变量名称查找顺序，即 LEGB 原则，如下所示。

- L：Local（本地）是函数内的名字空间，包括局部变量和形参。
- E：Enclosing（封闭）是外部嵌套函数的名字空间（闭包中常见）。
- G：Global（全局）是全局函数定义所在模块的名字空间。
- B：Builtin（内建）是内置模块的名字空间。

LEGB 原则的含义是：Python 会按照 LEGB 这个顺序去查找变量，一旦找到就拿来用，否则就到更外面一层的作用域去查找，如果都找不到就报错。

我们可以通过一个例子来认识 LEGB，比如：

```
a = 1  # 对于 func3 和 inner 来说都是 Global
```

```
def func3():
    b = 2  # 对于 func3 来说是 Local，对于 inner 来说是 Enclosing
    def inner():
        c = 3  # 对于 inner 来说是 Local，func3 不可见
```

其中要注意的是 func3 没有 Enclosing 作用域，至于闭包是什么我们会在后面的章节中讲到，这里只要理解 LEGB 原则就可以了。

8.5.2 global 和 nonlocal

根据上述 LEGB 原则，我们在函数中是可以访问到全局变量的，比如：

```
d = 1
def func4():
    d += 2

func4()
```

但是 LEGB 规则仿佛出了点问题，因为会报错：

```
Traceback (most recent call last):
  File "/Users/jiangjiao/PycharmProjects/LearnPythonWithPractice/Chapter 8/
Function within Function.py", line 36, in <module>
    func4()
  File "/Users/jiangjiao/PycharmProjects/LearnPythonWithPractice/Chapter 8/
Function within Function.py", line 33, in func4
    d += 2
UnboundLocalError: local variable 'd' referenced before assignment
```

这并不是 Python 的问题，反而是 Python 的一个特点，也就是说 Python 在阻止用户在不知觉的情况下修改非局部变量。那么怎么访问非局部变量呢？

为了修改非局部变量，我们需要使用 global 和 nonlocal 关键字，其中 nonlocal 关键字是 Python3 中才有的新关键字，看一个例子：

```
d = 1
def func4():
    global d
    e = 5
    d += 2  # 访问到了全局变量 d
    def inner():
        nonlocal e
        e += 3  # 访问到了闭包中的变量 e
    inner()
    print(e)
func4()
print(d)
```

也就是说，global 会使得相应的全局变量在当前作用域内可见，而 nonlocal 可以让闭

包中非全局变量可见，所以这段代码会输出：

```
8
3
```

8.6 使用轮子

这里的“使用轮子”可不是现实中那种使用轮子，而是指直接使用别人写好封装好的易于使用的库，进而极大地减少重复劳动，提高开发效率。

Python 自带的标准库就是一堆健壮性强、接口易用、涉猎广泛的“轮子”，善于利用这些轮子可以极大地简化代码。这里就简单介绍一些常用的库。

8.6.1 随机库

Python 中的随机库用于生成随机数，比如：

```
import random  # 之前 return 4 那个只是开个玩笑
print(random.randint(1, 5))
```

它会输出一个随机的[1,5)范围内的整数。我们无须关心它的实现，只要知道这样可以生成随机数就可以了。

其中 import 关键字的作用是导入一个包，有关包和模块的内容后面章节会细讲，这里只讲基本使用方法。

用 import 导入的基本语法是：import 包名，包提供的函数的用法是“包名.函数名”。当然不仅函数，包里面的常量和类我们都可以通过类似的方法调用，不过我们这里会用函数就够了。

此外如果我们不想写包名，也可以这样：

```
from random import randint
```

然后我们就可以直接调用 randint 而不用写前面的 random.了。

如果有很多函数要导入的话，我们还可以这么写：

```
from random import *
```

这样 random 包里的一切就都包含进来了，可以不用 random 直接调用。不过不太推荐这样写，因为不知道包内都有什么，容易造成名字的混乱。

特殊地，import random 还有一种特殊写法：

```
import random as rnd
print(rnd.randint(1, 5))
```

它和 import random 没有本质区别，仅仅是给了 random 一个方便输入的别名 rnd。

8.6.2 日期库

这个库可以用于计算日期和时间，比如：

```
import datetime
print(datetime.datetime.now())
```

这段代码会输出：

```
2018-04-29 20:40:21.164027
```

8.6.3 数学库

这个库有着常用的数学函数，比如：

```
import math
print(math.sin(math.pi / 2))
print(math.cos(math.pi / 2))
```

这段代码会输出：

```
1.0
6.123233995736766e-17
```

其中第 2 个结果其实就是 0，但是限于浮点数的精度问题无法精确表示为 0，所以我们在编写代码涉及到浮点数比较的时候一定要这么写：

```
EPS = 1e-8
print(abs(math.cos(math.pi / 2)) < EPS)
```

这里 EPS 就是指允许的误差范围。也就是说浮点数没有真正的相等，只有在一定误差范围内的相等。

8.6.4 操作系统库

这个库包含操作系统的一些操作，例如列出目录：

```
import os
print(os.listdir('.'))
```

我们在之后的文件操作章节还会见到这个库。

8.6.5 第三方库

还记得我们第 3 章讲过的 pip 吗，我们可以用 pip 来方便地安装各种第三方库，比如：

```
pip install numpy
```

通过一行指令我们就可以安装 numpy 这个库了，然后我们就可以在代码中正常地用 import 导入这个库：

```
import numpy
```

这也正是 pip 作为包管理器强大的地方，方便易用。

8.6.6 文档

我们先思考一个问题，当使用轮子的时候，谁最了解这个轮子呢？毫无疑问，一定是这个轮子的制作者。

就好比买一个新电器要看其附带的说明书一样，文档就是轮子的说明书。只有轮子我们往往是无法正常使用的，因为我们不知道这个轮子提供了什么功能，而对照着文档，我们就能知道怎样正确、高效地使用轮子。

上述的随机库、日期库、数学库、操作系统库都是 Python 自带的标准库，我们可以查看 Python 的官方文档 https://docs.python.org/3/来学习使用，查看过程中我们可以使用文档界面右上角的 Quick search 来快速检索我们想要的内容，比如图 8-1 所示的随机库文档。

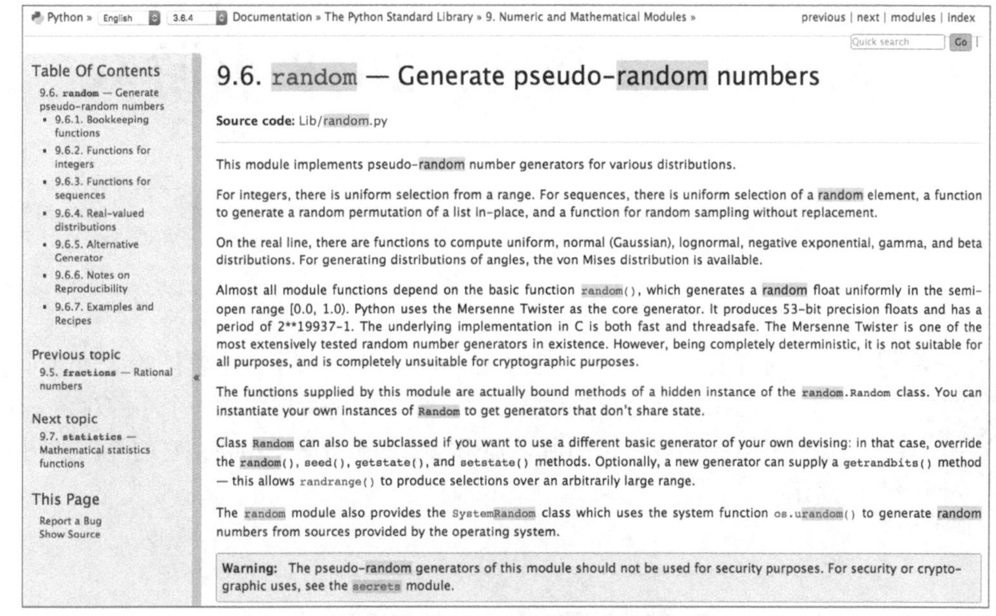

Python » English 3.6.4 Documentation » The Python Standard Library » 9. Numeric and Mathematical Modules » previous | next | modules | index

Table Of Contents
- 9.6. random — Generate pseudo-random numbers
  - 9.6.1. Bookkeeping functions
  - 9.6.2. Functions for integers
  - 9.6.3. Functions for sequences
  - 9.6.4. Real-valued distributions
  - 9.6.5. Alternative Generator
  - 9.6.6. Notes on Reproducibility
  - 9.6.7. Examples and Recipes

Previous topic
9.5. fractions — Rational numbers

Next topic
9.7. statistics — Mathematical statistics functions

This Page
Report a Bug
Show Source

9.6. random — Generate pseudo-random numbers

Source code: Lib/random.py

This module implements pseudo-random number generators for various distributions.

For integers, there is uniform selection from a range. For sequences, there is uniform selection of a random element, a function to generate a random permutation of a list in-place, and a function for random sampling without replacement.

On the real line, there are functions to compute uniform, normal (Gaussian), lognormal, negative exponential, gamma, and beta distributions. For generating distributions of angles, the von Mises distribution is available.

Almost all module functions depend on the basic function random(), which generates a random float uniformly in the semi-open range [0.0, 1.0). Python uses the Mersenne Twister as the core generator. It produces 53-bit precision floats and has a period of 2**19937-1. The underlying implementation in C is both fast and threadsafe. The Mersenne Twister is one of the most extensively tested random number generators in existence. However, being completely deterministic, it is not suitable for all purposes, and is completely unsuitable for cryptographic purposes.

The functions supplied by this module are actually bound methods of a hidden instance of the random.Random class. You can instantiate your own instances of Random to get generators that don't share state.

Class Random can also be subclassed if you want to use a different basic generator of your own devising: in that case, override the random(), seed(), getstate(), and setstate() methods. Optionally, a new generator can supply a getrandbits() method — this allows randrange() to produce selections over an arbitrarily large range.

The random module also provides the SystemRandom class which uses the system function os.urandom() to generate random numbers from sources provided by the operating system.

Warning: The pseudo-random generators of this module should not be used for security purposes. For security or cryptographic uses, see the secrets module.

图 8-1 随机库文档

从图 8-1 中可以看到，文档对 random 库的介绍以及注意事项应有尽有。实际上，不仅是 Python，在编程领域中通过文档学习都是一种重要的技能，应该熟练掌握。

小结

通过本章的学习，我们可以看到 Python 的函数定义简单，而且无论是在参数设置上还是结果返回上都具有极高的灵活性，同时借助函数我们也接触到了作用域这个重要的概念，最后我们学习了库的简单使用。善用函数，往往可以使代码更加简洁优美。

总之，函数是 Python 中一个非常重要的概念，我们在后面的章节还会进一步讲解它。下一章我们要综合运用前 8 章的知识来完成一个小游戏。

习题

1. 通过自学递归的概念，构造一个递归函数，实现斐波那契数列的计算。
2. 通过使用默认参数，实现可以构造一个等差数列的函数，参数包括等差数列的起始、结束以及公差，注意公差应该可以为负数。
3. 写一个日期格式化函数，使用键值对传递参数。
4. 实现能够返回 List 中第 n 大的数字的函数，n 由输入指定。
5. 写一个函数，求两个数的最大公约数。
6. 通过循环和函数，写一个井字棋游戏，并写一个井字棋的 AI。
7. 查询日期库文档，写代码，完成当前时间从 UTC +8（北京时间）到 UTC -5 的转换。
8. 查询随机库文档，写一个投骰子程序，要求可以指定骰子面数和数量，并计算投掷的数学期望。

第9章 实战1：2048小游戏

09 扫码看视频

通过前8章的学习，我们已经对Python有了一个整体的认知，同时也拥有了写出一个完整程序的能力，而本章将带您完成一个小游戏，一个很流行并且刚刚好可以用所学知识完成的游戏——2048，它的界面如图9-1所示。

图9-1　2048界面

由于目前所学的Python不支持绘制图形窗口，而且动画难度也比较高，所以本项目基于命令行界面，采用一个动作刷新一次的方式控制。

9.1 规则简介

2048是一款简单刺激的游戏，同时考验玩家的脑力、耐心和运气。它的玩法非常好理解，玩家通过控制上下左右方向键让数字块滑动，相同的数字块会合并，直到合并出2048这个数字即为胜利。

如果没有接触过2048的话可以用一个在线的例子http://gabrielecirulli.github.io/2048/体验一下。操作可以用W、A、S、D键或者上下左右方向键，移动端也可以直接通过滑动屏幕进行操作。

要注意的是其中有一个特点是，在相同数字块合并时，如果有 3 个相邻一样的数字块在移动方向上，那么靠前的两个会合并。如图 9-2 和图 9-3 所示，第 2 列的 3 个 2 会在下滑的时候合并出一个 4，这个 4 由下面两个 2 合并而成。

图 9-2　出现 3 个相同数字

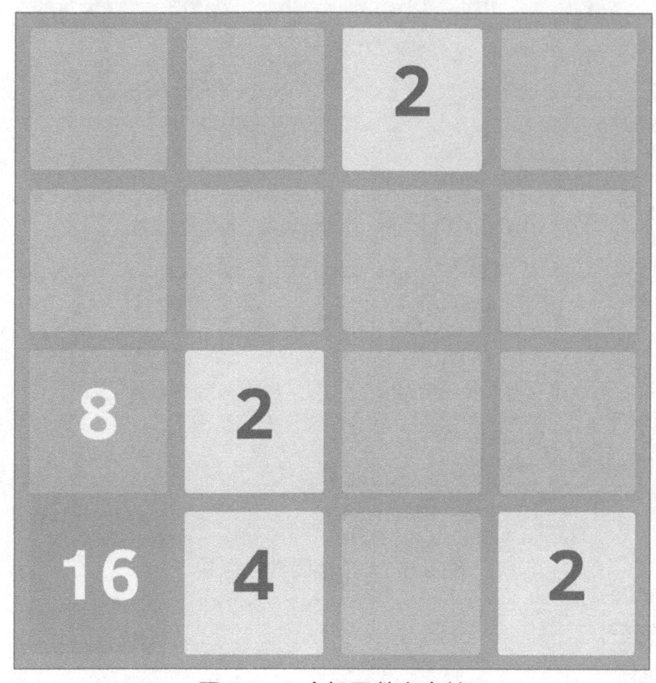

图 9-3　3 个相同数字合并

但是如果是 4 个相同数字，那么会合并出两个数字，而且这两个数字不会在这次操作中继续合并。如图 9-4 和图 9-5 所示，第 4 列的 4 个 4 会在下滑的时候合并为两个 8，但不会变成一个 16。

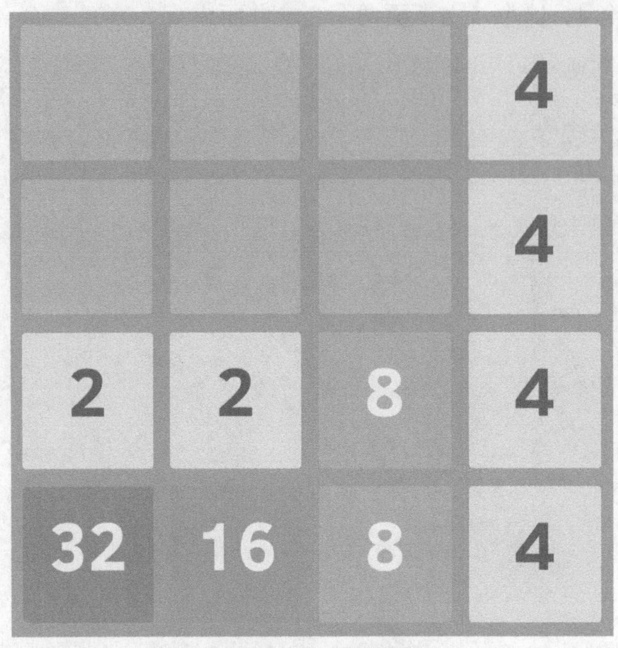

图 9-4　4 个相同数字

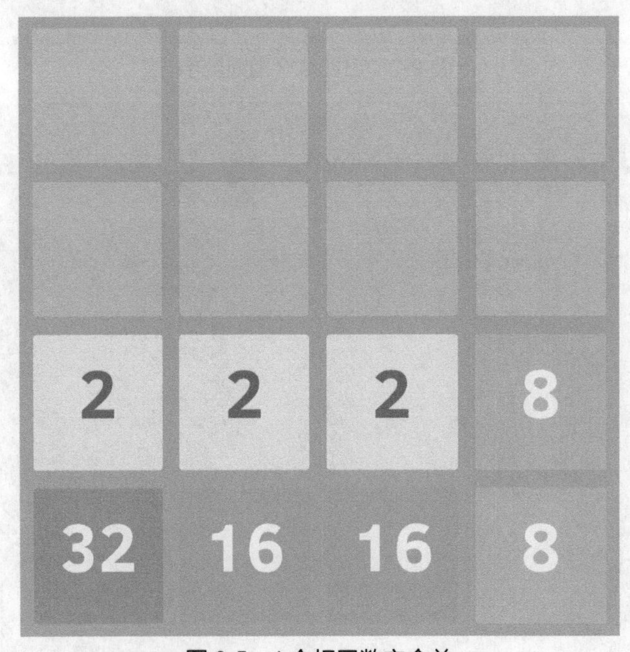

图 9-5　4 个相同数字合并

9.2 创建项目

打开 PyCharm，创建一个名为 My2048 的项目，如图 9-6 所示，并添加一个 Python 文件 main.py。

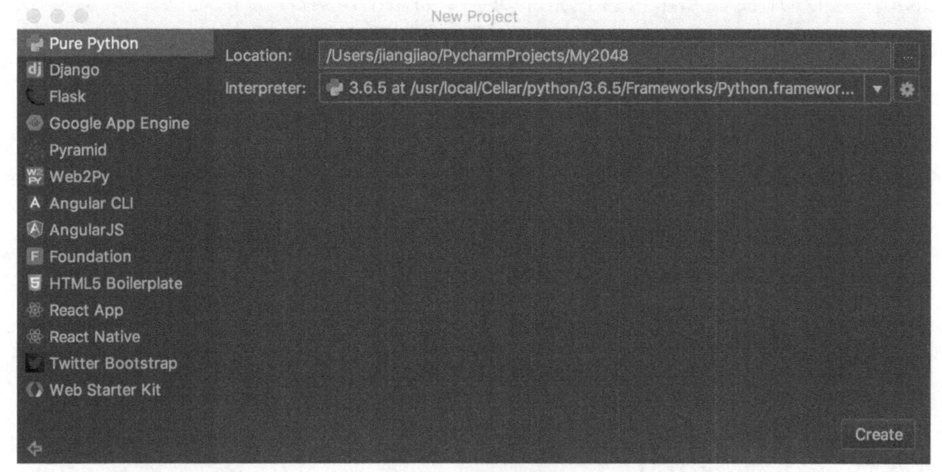

图 9-6　创建项目

由于还没有接触到模块的概念，我们这次实践的内容在一个文件中完成。

9.3 代码设计

代码设计是开发项目工程必备的一步，在之前的学习中，因为写的代码都很简短，功能也比较单一，所以并没有去提这个概念。

但是在 2048 中，游戏的逻辑是前后关联的，如果一开始没有设计好，对代码结构没有一个整体认知，那么写起来必然是无从下手的，而且很容易导致写到后面又改前面代码进而降低开发效率的现象，所以在正式开发之前我们要先分块设计游戏逻辑的实现。

构建本实践逻辑的难度并不高，我们从以下方面入手。

- 棋盘存储。
- 棋盘移动。
- 用户交互。

9.3.1 棋盘存储

棋盘大小为 4×4，内容为整数，最关键是要可修改，因此我们很容易想到用之前讲过的 List 来存储，又因为棋盘是二维的，所以我们需要用到 List 的嵌套—— 一个 List 中嵌套 4 个长度为 4 的 List 来表示 4×4 的棋盘。

9.3.2 棋盘移动

玩家在上下左右移动的时候，棋盘的状态会发生改变，其中如何改变就是游戏规则的设计了。

不难发现这个游戏的 4 个方向操作从内在逻辑上是等价的，所以我们只要实现一个方向的移动函数就可以了，其他方向的移动函数可以复用这段代码。

在移动棋盘的时候，会有块的移动、块的合并、新数字生成、游戏胜利和游戏失败这些事件。这些事件的发生显然是有逻辑关系的，所以我们以向下滑动的操作为例来分析游戏逻辑。

如图 9-7 所示用流程图来可视化整个逻辑。流程图的表示方法之前第 5 章就已经提过了——圆角矩形表示程序的开始和结束，直角矩形表示执行过程，菱形表示条件判断。

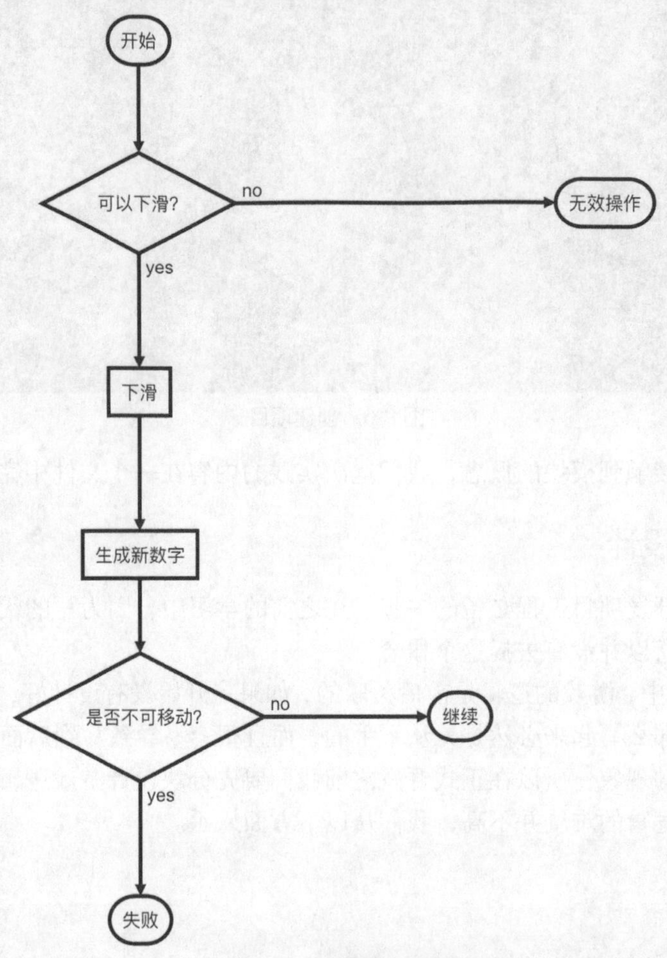

图 9-7　棋盘移动逻辑

其中，下滑的逻辑还可以细分，所以单独画一个流程图，如图 9-8 所示。

在下滑过程的细分图中，“继续”表示如果没有处理完下滑相关的所有位置，那么继续处理下滑事件，如果所有位置都处理完了，那么结束下滑逻辑，回到主逻辑中执行生成新数字。

结合这个两图可以得出，棋盘移动这个操作一共产生 4 种结束状态，分别是无效操作、继续、胜利和失败。同时一共有 3 种子动作，分别是下滑、生成新数字和合并数字块。一共有 4 次路径选择，分别是可以下滑、可以合并、是否获胜和是否不可移动。

从这个设计思路出发，在棋盘上移动的操作可以进一步拆分为 7 个子逻辑。

3 个对棋盘状态产生改变的逻辑：

- 下滑；
- 合并；

- 新数字。

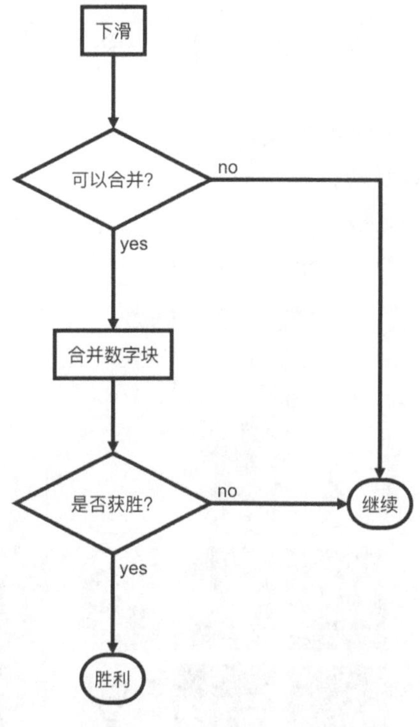

图 9-8　下滑逻辑

4 个检查棋盘状态的逻辑：

- 可以下滑；
- 可以合并；
- 是否获胜；
- 是否不可移动。

子逻辑实现的时候不一定对应独立的函数，因为有的逻辑关系十分紧密可以在同一个函数里实现。例如，下滑、可以合并、合并、是否获胜这 4 个逻辑实际是循环进行的，直到处理完所有位置后才能进入生成新数字逻辑，显然在同一个函数内实现更加方便。

9.3.3　用户交互

用户需要一个可以持续展示状态的界面才可以进行游戏。这个界面需要在用户每次操作之后清除之前的结果，更新当前状态，还要在合适的时候提示用户的上一步操作的结果，比如无效操作、游戏胜利、游戏失败等。

交互界面的使用方法是：用户根据引导输入操作命令回车，而程序根据用户输入的操作执行相应逻辑，并展示相应输出，继续向用户提示输入。

依旧是通过一个流程图来说明，如图 9-9 所示。

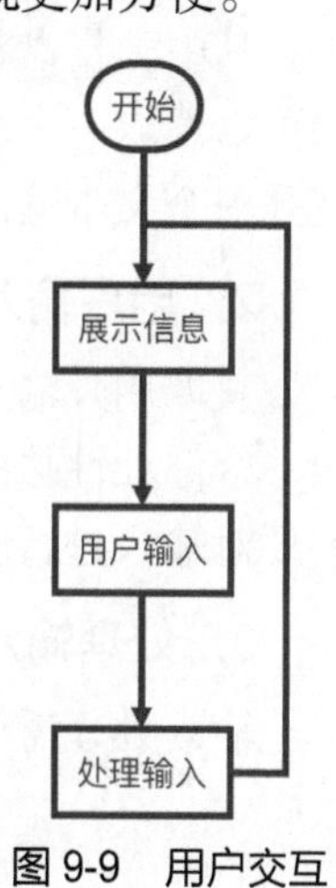

图 9-9　用户交互

所以我们可以用 3 个函数来完成这段逻辑。

1. 展示信息

展示信息界面需要通过一次输出多行来拼凑成完整的输出内容，而界面上至少要有下面这些内容。

- 用一个表格显示 2048 的棋盘。
- 在表格下面显示操作状态。
- 在最下面显示输入提示。

内容确定之后，需要一个简单的布局设计，如图 9-10 所示。

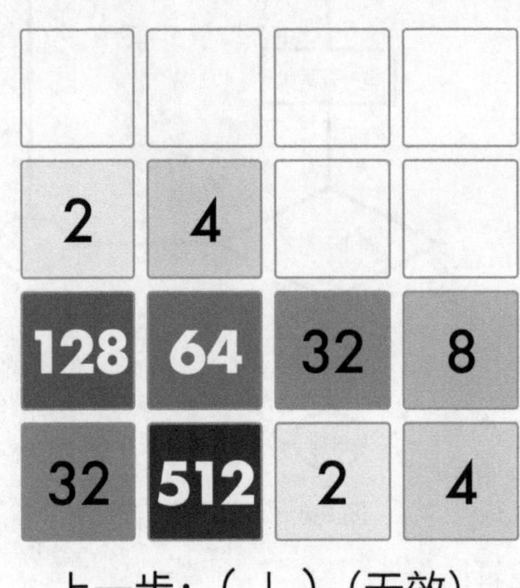

图 9-10 界面设计

上图包含 3 段内容，这 3 段内容可以拆成 3 个子逻辑，也就是：

- 棋盘状态显示；
- 上一步状态显示；
- 输入提示。

其中，棋盘状态显示需要实现一个将棋盘状态可视化的函数，而展示上一步操作的结果可以读取一个全局的状态存储，这个状态随着用户的输入不断被更新，最后的输入提示就是一个文本输出，没有什么特殊之处。

2. 用户输入

获取用户输入直接调用 Python 内建的 input 函数，不需要特别实现。但是如果想写出一个健壮性强的程序，就应该永远不惮以最坏的恶意去揣测用户的输入，这也就要求我们要对输入进行验证和过滤，对于不符合要求的输入直接放弃并提示无效操作。

3. 处理输入

输入处理需要完成对用户输入的解析，确认用户表达的意思是滑动、退出还是重开一局或者输入本身是无效操作，这里需要一个专门的验证函数来处理。

9.4 代码实现

一般代码的功能有一定的相互依赖关系，需要先实现一部分功能，才能实现另一部分。对于 2048 这个项目而言，这个依赖关系不是很明显，按照上面的设计顺序实现是完全可以的。

9.4.1 棋盘定义

棋盘定义是所有功能的基础，它保存了棋盘的状态。所有其他的操作都需要用到这个棋盘，所以要把它定义在开头，作为一个全局变量来使用。如果作为局部变量，那么所有用到的函数都需要传递这个变量作为参数，多层调用需要传递多次，比较麻烦。

这里我们利用 List 的嵌套来表示一个棋盘：

```
# 保存棋盘状态
board = [
    [0, 0, 0, 0],  # 第 1 行
    [0, 0, 0, 0],  # 第 2 行
    [0, 0, 0, 0],  # 第 3 行
    [0, 0, 0, 0]   # 第 4 行
]
```

这样的好处是我们修改起来非常方便，比如：

```
borad[0][2] = 1  # 别忘了下标从 0 开始!
```

9.4.2 棋盘初始化

除了棋盘的状态作为全局变量，还有一些辅助变量为了方便直接作为全局变量：

```
import random        # 稍候会用到

# 上一步操作，wasd 为上下左右，q 是退出游戏，r 是重新开始。x 是初始状态
last_move = 'x'

# 结束状态定义
CONTINUE, WIN, LOSE = range(3)
status = CONTINUE   # 默认是继续
invalid = False      # 表示输入是否有效
```

其中 CONTINUE、WIN、LOSE 是操作完成后的结束状态，用 3 个不同的数字来表示。它们的作用是控制游戏的运行，使得游戏可以由一个状态转为另一个状态，例如从游戏中转为胜利。游戏未结束的时候状态为 CONTINUE，而胜利和失败分别为 WIN 和 LOSE，另外无效操作（错误的指令，或者无法移动的方向）的状态为 CONTINUE，但是 invalid 会更新为 True，也就是说 invalid 这个变量专门用来表示输入是否合法，与游戏状态独立。

现在我们就要着手棋盘的初始化了，除了设置游戏状态以外，我们还需要在棋盘上随机生成一些数字块，这正好用到我们第 8 章讲到的随机库，这里涉及一些没有提过的函数，

可以参考文档。完整初始化函数如下：

```
def new_game():
    """
    添加新的数字，90% 概率是 2，10% 概率是 4。
    """
    global board, status, last_move
    status = CONTINUE    # 初始化状态，使得游戏重开后为继续状态
    board = [
        [0, 0, 0, 0],    # 第一行
        [0, 0, 0, 0],    # 第二行
        [0, 0, 0, 0],    # 第三行
        [0, 0, 0, 0]     # 第四行
    ]
    empty_space = list()
    for i in range(4):  # 循环统计空位
        for j in range(4):
            empty_space.append((i, j))
    new_spaces = random.sample(empty_space, k=5)
                         # 随机选择位置，random.choices 会重复，使用 random.sample
    for new_space in new_spaces:
        new_tile = random.choice([2, 2, 2, 2, 2, 2, 2, 2, 2, 4])
                         # 生成 2 或 4，概率 9:1
        board[new_space[0]][new_space[1]] = new_tile  # 加入新数字
    last_move = 'x'      # 清空上次移动
    check_movable()      # 检查 4 个方向是否可移动
```

其中 check_movable 函数是检查 4 个方向是否可以移动，我们在后面可以看到其实现。

9.4.3 棋盘移动——向下

之前已经提到了，4 个方向的移动内在逻辑是一致的，所以这里以实现向下移动为例：

```
def check_move_down():
    """
    检查是否可以向下移动。向下可移动的情况包括有空位和能合并，检测到任何一个都可以作为可移动的标志。
    从上到下检查，如果数字下边有空位，或者相邻两个数一样即直接返回 True。

    :return: 是否可以移动。
    """
    for i in range(4):
        for j in range(3):
            if board[j + 1][i] == board[j][i] > 0:         # 第 1 种，两个相邻的数相等
                return True
```

```
            if board[j][i] > 0 and board[j + 1][i] == 0: # 第 2 种，数下面有空位
                return True
    return False

def move_down():
    """
    执行一次下移操作，包含新数字的生成。
    下移时，需要从底向上进行按层移动，这样才符合合并的顺序。

    移动原理解释：
    首先，需要从下到上去逐行执行，由于数字会被下移到底部，所以需要一个目标指针去保存下一个数
下移的目标位置。
    扫描从倒数第 2 行开始，这是因为最下面一行反正也不能移动。目标指针从最下面一行开始。
    目标指针不但可以指向空位，也可以指向非空数字，它的意义是：当前循环扫描的数字可以移动到这
个空位。如果是空位，也可以和这个位置的数字合并（如果一样的话）。如果指针非空且数字不同，则移
动到指针上一行。具体移动规则如下：
    如果目标位置为空（即为 0），则直接移动过去，不用更新目标指针位置。
    如果目标有数字，则尝试合并。如果可以合并，则合并，并使指针上移一行（一轮一个数只合并一次）。
    如果不可合并，则将数字移动到指针位置的上一行，并使指针上移一行。

    如果遇到 2048，则获胜。

    :return: 是否获胜。
    """
    global status
    for i in range(4):
        top_index = 3  # 顶部指针：记录移动或者合并的目标位置
        for j in range(2, -1, -1):
        # 从 2 生成到 0，之所以不遍历最后一行，是因为它们不能动，只能合并
            if board[j][i] == 0:                    # 如果是空位，则跳过
                continue
            if board[top_index][i] == board[j][i]: # 如果可以合并，则合并
                board[top_index][i] *= 2            # 合并数字
                board[j][i] = 0
                if board[top_index][i] == 2048:    # 出现 2048，胜利！
                    status = WIN
                    return True
                top_index -= 1                      # 上移顶部指针
                continue
            if board[top_index][i] == 0:            # 如果顶部指针是空的，那么下移
```

```
            board[top_index][i] = board[j][i]  # 移动数字，但是不更新顶部指针
            board[j][i] = 0
            continue
        if top_index - 1 == j:
        # 如果顶部指针就在自己下面，那不用动（说明下面没有发生移动，当前数字也不用动）
            top_index -= 1
            continue
        top_index -= 1                         # 指针上移到空位
        board[top_index][i] = board[j][i]      # 移动到空位
        board[j][i] = 0
    status = CONTINUE
    return False                               # 没出现 2048，继续
```

这一段代码其实就体现了 2048 的核心逻辑，一定要结合注释好好理解。

9.4.4 生成新数字

生成新数字的实现如下：

```
def new_number():
    """
    添加新的数字，90% 概率是 2，10% 概率是 4。
    """
    new_tile = random.choice([2, 2, 2, 2, 2, 2, 2, 2, 2, 4])
                                               # 生成 2 或 4，概率 9:1
    empty_space = list()
    for i in range(4):                         # 循环统计空位
        for j in range(4):
            if board[i][j] == 0:
                empty_space.append((i, j))
    new_space = random.choice(empty_space)     # 随机选择位置
    board[new_space[0]][new_space[1]] = new_tile  # 加入新数字
```

生成新数字的逻辑非常简单，先通过循环找到空位，然后每个空位以 90%比 10%的概率添加 2 和 4。

9.4.5 其他方向判断和移动

向下移动写起来已经很复杂了，如果再镜像地去写其他 3 个方向，那重复的代码会非常多，而且复制粘贴再修改也容易出现疏漏。不妨想一想，如果向上左右 3 个方向移动，都可以通过复用向下移动的函数来操作，是不是就解决了这个问题？

这里的解决办法就是翻转棋盘，我们先看两个翻转棋盘的函数：

```
def transpose():
    """
    沿左上到右下对角线翻转，又名转置。
    """
```

```
    global board
    new_board = [
        [0, 0, 0, 0],    # 第一行
        [0, 0, 0, 0],    # 第二行
        [0, 0, 0, 0],    # 第三行
        [0, 0, 0, 0]     # 第四行
    ]
    for i in range(4):
        for j in range(4):
            new_board[i][j] = board[j][i]
    board = new_board


def vertical_flip():
    """
    垂直翻转，翻转每一列。
    """
    global board
    board = [*reversed(board)]
```

这两个函数，一个可以把棋盘沿对角线翻转，一个可以把棋盘上下反转。有了它们就可以通过一次到两次翻转棋盘让向下移动等效于向其他方向移动。

例如，向上移动和相应的检查可以通过两次垂直翻转实现：

```
def check_move_up():
    """
    检查是否可以向上移动。
    :return: 是否可移动。
    """
    vertical_flip()
    result = check_move_down()
    vertical_flip()
    return result


def move_up():
    """
    向上移动。
    :return: 是否获胜。
    """
    vertical_flip()
    result = move_down()
```

```
    vertical_flip()
    return result
```

先垂直翻转一次后向下移动就等价在原来的棋盘上向上移动了，然后再翻转回来即可，其他方向也是类似的：

```
def check_move_right():
    """
    检查是否可以向右移动。
    :return: 是否可移动。
    """
    transpose()
    result = check_move_down()
    transpose()
    return result


def check_move_left():
    """
    检查是否可以向左移动。
    :return: 是否可移动。
    """
    transpose()
    vertical_flip()
    result = check_move_down()
    vertical_flip()
    transpose()
    return result


def move_right():
    """
    向右移动。
    :return: 是否获胜。
    """
    transpose()
    result = move_down()
    transpose()
    return result


def move_left():
```

```
    """
    向左移动。
    :return: 是否获胜。
    """
    transpose()
    vertical_flip()
    result = move_down()
    vertical_flip()
    transpose()
    return result
```

9.4.6　检查所有方向移动

因为游戏失败的条件是 4 个方向都无法移动，因此需要实现一个全方位检查移动性的函数，同时在这个函数内还应该更新游戏状态。

由于这个判定结果我们在其他函数中还会用到，因此我们先把它声明为一个全局变量：

```
# 合法操作有哪些
valid_next_move = {
    'up': True,
    'down': True,
    'left': True,
    'right': True
}
```

而判定的过程依旧可以复用之前我们 4 个方向判定的代码，因此整个过程就很清晰了：

```
def check_movable():
    """
    检查是否可继续移动，如果均不可移动，则游戏失败。
    :return: 游戏是否失败。
    """
    global valid_next_move, status, invalid
    valid_next_move = {
        'up': check_move_up(),
        'down': check_move_down(),
        'left': check_move_left(),
        'right': check_move_right()
    }
    if len([1 for key in valid_next_move if valid_next_move[key]]) > 0:
        status = CONTINUE
    else:
        status = LOSE
```

9.4.7　用户界面

接下来构建向用户展示信息的函数，一共有 3 个，如下所示：

```
def get_board():
    """
    输出棋盘状态
    :return: 棋盘字符串
    """
    result = '┌' + ('─' * 5 + '┬') * 3 + '─' * 5 + '┐\n'
    result += f'│{board[0][0]:^4} │{board[0][1]:^4} │{board[0][2]:^4} │{board[0][3]:^4} │\n'
    for i in range(1, 4):
        result += '├' + ('─' * 5 + '┼') * 3 + '─' * 5 + '┤\n'
        result += f'│{board[i][0]:^4} │{board[i][1]:^4} │{board[i][2]:^4} │{board[i][3]:^4} │\n'
    result += '└' + ('─' * 5 + '┴') * 3 + '─' * 5 + '┘\n'
    return result


def last_input():
    """
    输出上一步状态
    :return: 上一步字符串
    """
    result = f'上一步: {last_move}'
    if status == LOSE:
        result += ' 您已无法移动，请再练 500 年吧！'
    elif invalid:
        result += ' 无效操作'
    elif status == CONTINUE:
        result += ' 继续'
    elif status == WIN:
        result += ' 恭喜！您获胜了！'
    return result


def print_screen():
    """
    构造屏幕输出
    """
    # 清空屏幕功能，这个操作在 Windows 和其他平台不太一样
    # Windows 用户取消注释下面这句:
```

```
    # os.system('cls')
    # Linux 和 macOS 用户取消注释下面这句
    # os.system('clear')
    print(get_board())
    print(last_input())
```

注意由于我们每次移动后需要清理掉上次的结果，所以需要引入清屏的指令，这里需要使用 os 模块中的 system 函数来完成系统调用。我们不用关注其背后的原理，只要这样用就可以了：

```
import os

# Windows 用户
os.clear('cls')
# Linux 用户
# os.clear('clear')
```

需要注意的是，清屏功能需要终端才能运行，这就导致在 PyCharm 中直接运行会提示找不到终端，所以我们需要在一个终端（如 Windows 的命令提示符）中来执行脚本。如果忘记了怎么操作可以重新看一看第 2 章。

9.4.8　用户操作处理

用户输入的操作包含“w”“a”“s”“d”和“q”“r”，分别表示上下左右移动，退出和重新开始。这里为了逻辑更加清晰，特意拆成了两个函数来处理用户交互：

```
def input_prompt():
    """
    处理输入提示
    :return: 输入内容
    """
    if status == CONTINUE:  # 游戏未结束
        return input('请输入下一步操作（wasd 为方向，q 退出，r 重新开始）：')
    else:                   # 游戏结束
        return input('请输入下一步操作（q 退出，r 重新开始）：')


def validate_input(input_key):
    """
    分析输入是否合法
    :param input_key: 输入的字符串
    :return: 是否合法
    """
    global last_move, invalid
    if status in (WIN, LOSE):  # 游戏结束
```

```
    if input_key in ('q', 'r'):
        last_move = input_key
        invalid = False
        return True
elif input_key in ('w', 'a', 's', 'd', 'q', 'r'):  # 游戏未结束
    last_move = input_key
    if last_move == 'w':       # 根据是否可以向这个方向移动设置 invalid
        invalid = not valid_next_move['up']
    elif last_move == 'a':
        invalid = not valid_next_move['left']
    elif last_move == 's':
        invalid = not valid_next_move['down']
    elif last_move == 'd':
        invalid = not valid_next_move['right']
    else:
        invalid = False
    return not invalid
invalid = True                 # 如果上面都没有匹配到，那就是非法输入
return False
```

9.4.9 处理用户的操作

这部分要实现的功能相对简单，只要让输入对应相应的操作就可以了：

```
def do_move():
    """
    处理用户的移动操作
    """
    if last_move == 'w':
        move_up()
    elif last_move == 'a':
        move_left()
    elif last_move == 's':
        move_down()
    elif last_move == 'd':
        move_right()


def new_or_exit():
    """
    处理 q 和 r，重新开始或者结束游戏
    """
    if last_move == 'q':
        exit(0)
```

```
    elif last_move == 'r':
        new_game()
```

9.4.10　游戏主体逻辑

完成了各个子逻辑后，我们终于可以构造游戏的主体逻辑了。由于我们之前已经把游戏的各个功能充分地拆分为不同的函数，因此主体逻辑相当简洁清晰，这也是一个良好的代码设计所要达到的目标。

游戏的主体逻辑实现如下：

```
def main():
    new_game()                      # 创建一个新游戏
    while True:
        print_screen()              # 输出棋盘
        input_key = input_prompt()  # 输入指令
        validate_input(input_key)   # 验证输入合法
        if invalid:                 # 输入非法，直接继续到下一次输入
            continue
        if last_move in ('q', 'r'): # 如果有 "q" 和 "r"，执行退出或重启
            new_or_exit()           # 退出或重启
        else:                       # 如果没有，则继续
            do_move()               # 按照用户操作移动
            new_number()            # 创建新数字
            check_movable()         # 检查 4 个方向是否可以移动
main()
```

到此为止游戏就写完了，可以打开一个终端开始玩了。

9.5　提升游戏体验

玩了一段时间这个 2048 后，我们会发现有以下两个问题。

- 每次操作都要回车很麻烦。
- 每次操作后刷新屏幕都会闪一下。

那么这两个问题可以解决吗？当然是可以的，不过需要使用一个强大的终端操作库——curses 来解决这个问题。通过 curses 我们可以方便地实现局部刷新而不是清屏，进而解决闪屏问题，同时 curses 还可以持续获得按键信息，所以不用再每次回车。

在 Linux/OSX 上可以直接用 pip 来安装 curses，只要在终端中用 pip 安装即可：

```
pip install curses
```

但是在 Windows 上事情要复杂得多，因为 pip 在线安装的 curses 库并不兼容 Windows，好在有第三方平台提供了兼容 Windows 的 curses 安装包，网址是 https://www.lfd.uci.edu/~gohlke/pythonlibs/，它是由美国加州大学欧文分校提供的 Windows 预编译的二进制库。

打开网页后下载 curses-2.2-cp36-cp36m-win_amd64.whl 这个文件，然后在终端中切换到下载目录。如果下载目录是 C:\Users\xxx\Downloads，则我们需要在命令提示符中执行：

```
cd C:\Users\xxx\Downloads
C:
```

然后用 pip 完成安装：

```
pip install curses-2.2-cp36-cp36m-win_amd64.whl
```

稍等一会儿就可以安装成功了。

为了能够支持局部刷新和按键操作无需回车，主体逻辑需要微调一下：

```
def main(win):
    new_game()                              # 创建一个新游戏
    while True:
        print_screen(win)                   # 输出棋盘
        input_key = input_prompt(win)       # 输入指令
        validate_input(input_key)           # 验证输入合法
        if invalid:                         # 输入非法，直接继续到下一次输入
            continue
        if last_move in ('q', 'r'):         # 如果有 "q" 和 "r"，执行退出或重启
            new_or_exit()                   # 退出或重启
        else:                               # 如果没有，则继续
            do_move()                       # 按照用户操作移动
            new_number()                    # 创建新数字
            check_movable()                 # 检查 4 个方向是否可以移动


curses.wrapper(main)
```

如果使用 curses 的话，程序需要特殊的启动方式，要把 main 添加一个参数后传入 wrapper。其中添加的参数 win 这个对象是操作终端的核心，我们要实现的功能都要依赖它。

接下来我们还需要修改有关用户输入交互的两个函数：

```
def print_screen(win):
    """
    构造屏幕输出
    """
    win.clear()
    win.addstr(get_board())
    win.addstr(last_input())

def input_prompt(win):
    """
    处理输入提示
    :return: 输入内容
    """
```

```
if status == CONTINUE:  # 游戏未结束
    win.addstr('请输入下一步操作（wasd为方向，q 退出，r 重新开始）：\n')
else:  # 游戏结束
    win.addstr('请输入下一步操作（q 退出，r 重新开始）：\n')
key = win.getkey()
return key.lower()
```

得益于之前良好的设计，可以看到在我们引入两个新的需求后，代码整体逻辑结构完全不用改变，只用微调一些具体的函数调用，这也符合“高内聚，低耦合”的封装要求。

小结

本章实现了一个完整可玩的 2048 小程序，代码量一共 300 行左右，不仅复习了之前所有的知识，同时也渗透了一些模块化设计的思想，进一步巩固基础后我们后续的学习会轻松许多。

随着代码量的增多，如何保持代码的可读性就成了大问题，所以下一章我们会学习 Python 中的编码规范，这也是让 Python 代码保持简洁优美的关键。

习题

本章的这个游戏其实是不完全的，这里特意让它缺失了几个功能，如果有能力，读者可以自行设计完成。

1．计分功能：每次合并可以得到合并后数字大小的分数，并且可以生成高分榜。

2．撤销功能：返回到上一步。

3．数字颜色：使用不同的颜色表示不同的数字块。

4．计时功能：统计玩家的通关用时。

当然读者也可以发挥自己的想象，去实现一些自己设计的功能，这也是本书所鼓励的。

第10章 Python编码规范

10 扫码看视频

代码总是要给人看的，尤其是对于大项目而言，可读性往往跟健壮性的要求一样高。跟其他语言有所不同的是，Python 官方就收录了一套“增强提案”，也就是 Python Enhancement Proposal，其中第 8 个提案就是 Python 代码风格指导书，足以见得 Python 对编码规范的重视。

本章会重点介绍有关 Python 编码规范的几个增强提案，为写出一手漂亮的 Python 代码打下基础。

10.1 PEP 8

PEP 8 就是 Python 增强提案 8 号，标题为 Style Guide for Python Code，主要涉及 Python 代码风格上的一些约定，其中值得一提的是 Python 标准库遵守的也是这份约定。

由于 PEP8 涉及的内容相当多，我们只选择一些比较重要的进行讲解。

10.1.1 代码布局

1. 空格还是 Tab

PEP 8 中提到，无论任何时候都应该优先使用空格来对齐代码块，Tab 对齐只有在原代码为 Tab 对齐出于兼容考虑才应该使用，同时在 Python 3 中空格和 Tab 混用是无法执行的。

对于这个问题大部分编辑器或者 IDE 都有相应选项，可以把 Tab 自动转换为 4 个空格，图 10-1 所示的就是 notepad++ 中的转换选项。

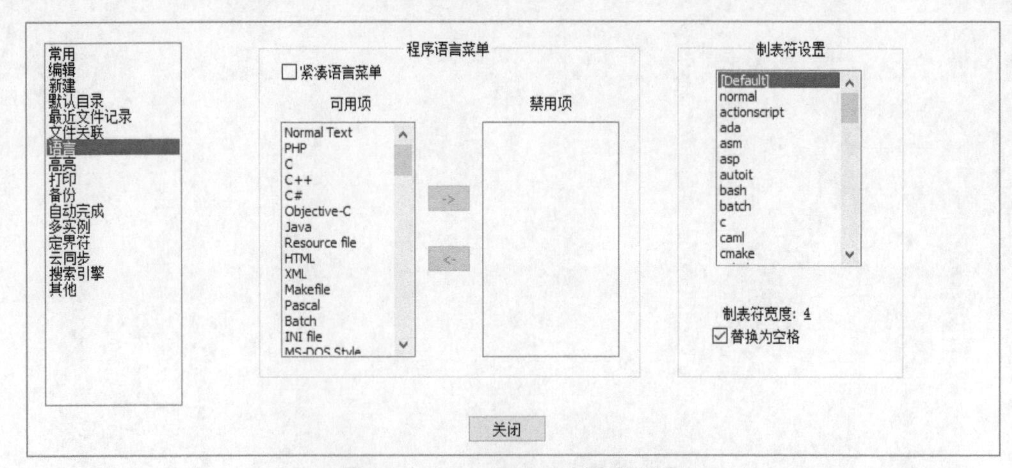

图 10-1 Noptepad++制表符设置

2. 缩进对齐

PEP 8 中明确了换行对齐的要求。

对于函数调用，如果部分参数换行，应该做到与分隔符垂直对齐，比如：

```
# Aligned with opening delimiter.
foo = long_function_name(var_one, var_two,
                         var_three, var_four)
```

但是如果是函数定义中全部参数悬挂的话，应该多一些缩进来区别正常的代码块，比如：

```
# More indentation included to distinguish this from the rest.
def long_function_name(
        var_one, var_two, var_three,
        var_four):
    print(var_one)
```

在函数调用中对于完全悬挂的参数也是同理，比如：

```
# Hanging indents should add a level.
foo = long_function_name(
    var_one, var_two,
    var_three, var_four)
```

但是对于 if 语句，由于 if 加上空格和左括号构成了 4 个字符的长度，因此 PEP 8 对 if 的换行缩进没有严格的要求，比如下面这 3 种情况都是完全合法的：

```
# No extra indentation.
if (this_is_one_thing and
    that_is_another_thing):
    do_something()

# Add a comment, which will provide some distinction in editors
if (this_is_one_thing and
    that_is_another_thing):
    # Since both conditions are true, we can frobnicate.
    do_something()

# Add some extra indentation on the conditional continuation line.
if (this_is_one_thing
        and that_is_another_thing):
    do_something()
```

此外对于用于闭合的右括号、右中括号、右中括号等有两种合法情况，一种是跟之前最后一行的缩进对齐，比如：

```
my_list = [
    1, 2, 3,
    4, 5, 6,
```

```
    ]
result = some_function_that_takes_arguments(
    'a', 'b', 'c',
    'd', 'e', 'f',
    )
```

但是也可以放在行首，比如：

```
my_list = [
    1, 2, 3,
    4, 5, 6,
]
result = some_function_that_takes_arguments(
    'a', 'b', 'c',
    'd', 'e', 'f',
)
```

此外如果有操作符的话，操作符应该放在每行的行首，因为可以简单地看出对每个操作数的操作是什么，比如：

```
# easy to match operators with operands
income = (gross_wages
          + taxable_interest
          + (dividends - qualified_dividends)
          - ira_deduction
          - student_loan_interest)
```

当然，去记忆这些缩进规则是非常麻烦的，如果浪费过多时间在调整格式上的话就是本末倒置了，之后我们会学习如何自动检查和调整代码，使其符合 PEP 8 的要求。

3. 每行最大长度

在 PEP 8 中明确约定了每行最大长度应该是 79 个字符。

之所以这么约定，主要是有以下 3 个原因。

- 限制每行的长度意味着在读代码的时候代码不会超出一个屏幕，提高阅读体验。
- 如果一行过长可能是这一行完成的事情太多，为了可读性应该拆成几个更小的步骤。
- 如果仅仅是因为变量名太长或者参数太多，应该按照上述规则换行对齐。

这里要注意的是，还有一种方法可以减少每行的长度，那就是续行符，比如：

```
with open('/path/to/some/file/you/want/to/read') as file_1, \
     open('/path/to/some/file/being/written', 'w') as file_2:
                                                    # 这里垂直对齐的原因马上会提到
    file_2.write(file_1.read())
```

这里虽然 with 的语法我们还没有提到，不过不影响阅读，我们只要知道反斜杠这里表示续行就行了，也就是说这一段代码等价于：

```
with open('/path/to/some/file/you/want/to/read') as file_1, open('/path/to/
some/file/being/written', 'w') as file_2:
```

```
    file_2.write(file_1.read())
```

这种样式是不是可读性要差得多？这就是限制每行长度的好处。

4. 空行

合理的空行可以很大程度增加代码的段落感，PEP 8 对空行有以下规定。

- 类的定义和最外层的函数定义之间应该有 2 个空行。
- 类的方法定义之间应该有 1 个空行。（类和方法的概念下一章会提到，这里有个印象就可以了。）
- 多余的空行可以用来给函数分组，但是应该尽量少用。
- 在函数内使用空行把代码分为多个小逻辑块是可以的，但是应该尽量少用。

5. 导入

虽然还没有学习 Python 中模块的相关知识，但是我们在第 8 章已经接触到了 import 的常见写法，而 PEP 8 对 import 也有相应的规范。

对于单独的模块导入，应该一行一个，比如：

```
import os
import sys
```

但是如果用 from…import…后面的导入内容允许多个并列，比如：

```
from subprocess import Popen, PIP
```

但是应该避免使用*来导入，比如下面这样是不被推荐的：

```
random import *
```

此外导入语句应该永远放在文件的开头，同时导入顺序应该为：

- 标准库导入；
- 第三方库导入；
- 本地库导入。

6. 字符串

之前已经讲过，在 Python 中既可以使用单引号也可以使用双引号来表示一个字符串，因此 PEP 8 建议在写代码的时候尽量使用同一种分隔符，但是如果使用单引号字符串的时候要表示单引号，可以考虑混用一些双引号字符串来避免反斜杠转义进而使代码的可读性提升。

7. 注释

我们在第 1 章就接触到了注释的写法，并且自始自终一直在代码示例中使用，足以见得注释对提升代码可读性的重要程度。但是 PEP 8 对注释也提出了如上要求。

- 和代码矛盾的注释不如不写。
- 注释更应该和代码保持同步。
- 注释应该是完整的句子。
- 除非确保只有和你相同语言的人阅读你的代码，否则注释应该用英文书写。

Python 中的注释以#开头，分为两类，第一种是跟之前代码块缩进保持一致的块注释，比如：

```
# This is a
# bloak comment
Some code…
```

另一种是行内注释，用至少两个空格和正常代码隔开，比如：

```
Some code…  # This is a line comment
```

但是 PEP8 中提到这样会分散注意力，建议只有在必要的时候再使用。

8. 文档字符串

文档字符串即 Documentation Strings，是一种特殊的多行注释，可以给模块、函数、类或者方法提供详细的说明。更重要的是，文档字符串可以直接在代码中调用，比如：

```
def add_number(number1, number2):
    """
    calculate the sum of two numbers
    :param number1: the first number
    :param number2: the second number
    :return: the sum of the two numbers
    """
    return number1 + number2


print(add_number.__doc__)
```

这样就会输出：

```
    calculate the sum of two numbers
    :param number1: the first number
    :param number2: the second number
    :return: the sum of the two numbers
```

在 PyCharm 中只要输入 3 个双引号就可以自动创建一个文档字符串的模板。至于文档字符串的写作约定，PEP8 没有提到太多，更多的可以参考 PEP257。

10.1.2 命名规范

PEP8 中提到了 Python 中的命名约定。在 Python 中常见的命名风格有以下这些。

- b 单独的小写字母
- B 单独的大写字母
- lowercase 全小写
- lower_case_with_underscores 全小写并且带下划线
- UPPERCASE 全大写
- UPPER_CASE_WITH_UNDERSCORES 全大写并且带下画线
- CamelCase 大驼峰
- camelCase 小驼峰
- Capitalized_Words_With_Underscores 带下画线的驼峰

除了这些命名风格，在特殊的场景还有一些别的约定，这里只挑出一些常用的，如下所示。

- 避免使用 l 和 o 为单独的名字，因为它们很容易被弄混。
- 命名应该是 ASCII 兼容的，也就是说应该避免使用中文名称，虽然是被支持的。
- 模块和包名应该是全小写并且尽量短的。
- 类名一般采用 CameCase 这种驼峰式命名。
- 函数和变量名应该是全小写的，下画线只有在可以改善可读性的时候才使用。
- 常量应该是全大写的，下画线只有在可以改善可读性的时候才使用。

有些概念我们还没有学习，可以只作了解。

10.1.3 自动检查调整

PEP8 的内容相当详细烦琐，纯手工调整格式显然是浪费时间的，所以这里介绍两个工具来帮助我们写出符合 PEP8 要求的代码。

1. pycodestyle

pycodestyle 而是一个用于检查代码风格是否符合 PEP8 并且给出修改意见的工具，我们可以通过 pip 安装它：

```
pip install pycodestyle
```

安装后，我们只要在命令行中继续输入：

```
pycodestyle -h
```

就可以看到所有的使用方法，这里借用官方给出的一个例子：

```
pycodestyle --show-source --show-pep8 testsuite/E40.py
testsuite/E40.py:2:10: E401 multiple imports on one line
import os, sys
         ^
    Imports should usually be on separate lines.

    Okay: import os\nimport sys
    E401: import sys, os
```

其中--show-source 表示显示源代码，--show-pep8 表示为每个错误显示相应的 PEP 8 具体文本和改进意见，而后面的路径表示要检查的源代码。

2. PyCharm

虽然 pycodestyle 使用简单，结果提示也清晰明确，但是这个检查不是实时的，而且我们总要额外切出来一个终端去执行指令，这都是不太方便的。这时候我们的救星就出现了，那就是 PyCharm。

PyCharm 的强大功能之一就是实时的 PEP 8 检查，比如对于上面的例子，在 PyCharm 中如图 10-2 提示。

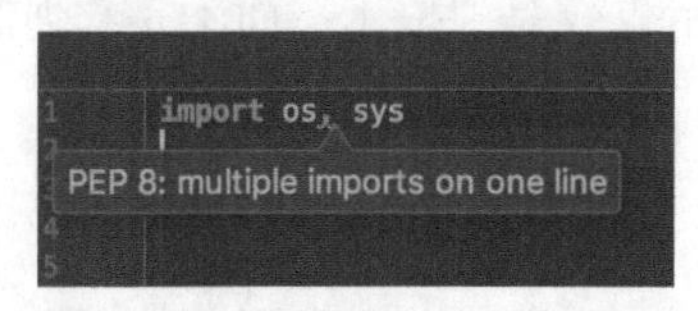

图 10-2 PyCharm PEP 8 提示

并且我们只要把光标移动到相应位置后按下 alt+enter 快捷键就可以出现修改建议，如图 10-3 所示。

选择 Optimize imports 后可以看到 PyCharm 把代码格式化为了符合 PEP 8 的样式，如图 10-4 所示。

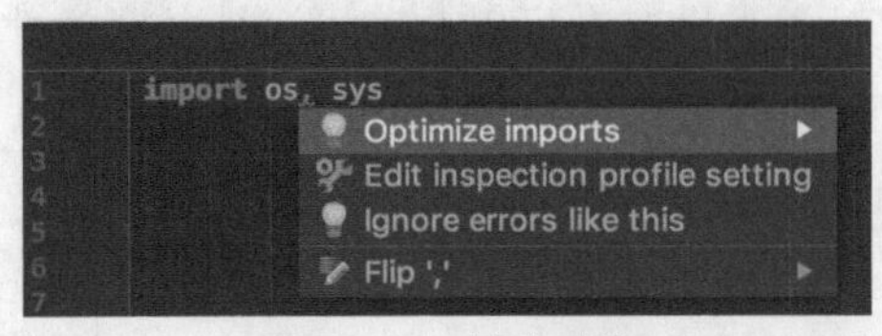

图 10-3　修改建议

图 10-4　修改后的代码

所以如果喜欢用简单的文本编辑器书写代码的话可以使用 pycodestyle，但是如果更青睐使用 IDE 的话，PyCharm 的 PEP 8 提示可以在写出漂亮代码的同时节省大量的时间。

特殊地，PyCharm 也有一个代码批量格式化快捷键，在全选之后按下 Ctrl+Alt+L，即可格式化所有代码。

10.2 PEP 484

10.2.1 类型提示

PEP 484 讲的就是 Type Hints，翻译过来叫类型提示。它是 Python 3.5 开始正式支持的一个特性，我们看一个例子：

```
def greeting(name: str) -> str:
    return 'Hello ' + name
```

我们可以发现，这里函数的定义和之前讲的多了以下两处。

- : str：这是一个对于参数 name 的 Type Hint，表明 name 的类型是 str
- -> str：这是对返回值的 Type Hint，表示函数将返回 str 类型。

类型提示的语法非常简单，对于参数只要用冒号加类型就可以了，而返回值需要一个箭头“->”加上类型。

这样做有什么好处呢？我们之前提到过，在 Python 中变量类型是动态的，比如这样：

```
a = 1        # a 是一个 int
a = "1"      # a 是一个 str
a = 1.0      # a 是一个 float
```

它的好处很明显，书写简洁并且符合直觉，但是与此同时也有一个问题，那就是对于 Python 最注重的可读性来说就是灾难了，无论变量命名得再好，它的类型只有到运行期才能确切知道，这是非常影响可读性的。而类型提示就是为了解决这个问题而存在的，它大大提高了代码可读性。

但是要注意的是，类型提示仅仅是“提示”而不是“强制”，也就是说下面这段代码是没问题的：

```
def foo(bar: int):        # 我们希望参数是一个 int
    return
foo("1.0")                # 实际传进来的是一个 str，但是这段代码不会报错
```

类型提示仅仅作用于我们写代码的时候，对运行期是没有约束的，否则就违反了 Python 动态类型的特征。换句话说，类型提示仅仅是为了方便我们写出高质量代码而存在，所以类型提示搭配上一个有良好支持的编辑器才能发挥最大作用。

10.2.2　PyCharm 中的类型提示

如果在 PyCharm 使用了类型提示，那么 PyCharm 会根据提示的类型来补全代码。比如在没有类型提示前，PyCharm 的提示都是一些通用的补全，如图 10-5 所示。

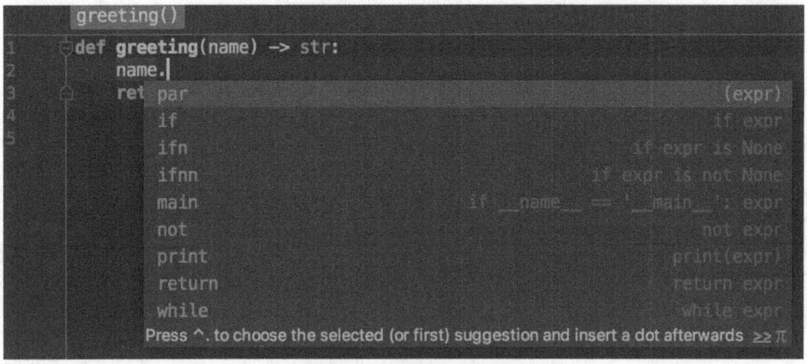

```
greeting()
1  def greeting(name) -> str:
2      name.|
3      ret  par                                    (expr)
4           if                                     if expr
5           ifn                            if expr is None
            ifnn                       if expr is not None
            main              if __name__ == '__main__': expr
            not                                   not expr
            print                              print(expr)
            return                             return expr
            while                               while expr
     Press ^. to choose the selected (or first) suggestion and insert a dot afterwards  >> π
```

图 10-5　没有类型提示

但是如果添加了提示后，我们可以看到相应的补全变成了 str 的相关方法，如图 10-6 所示。

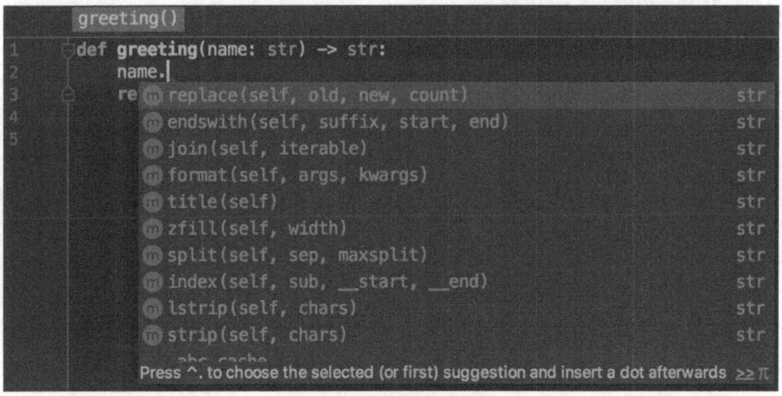

```
greeting()
1  def greeting(name: str) -> str:
2      name.|
3      re  m replace(self, old, new, count)       str
4          m endswith(self, suffix, start, end)   str
5          m join(self, iterable)                 str
           m format(self, args, kwargs)           str
           m title(self)                          str
           m zfill(self, width)                   str
           m split(self, sep, maxsplit)           str
           m index(self, sub, __start, __end)     str
           m lstrip(self, chars)                  str
           m strip(self, chars)                   str
    Press ^. to choose the selected (or first) suggestion and insert a dot afterwards  >> π
```

图 10-6　使用类型提示

更关键的是，PyCharm 可以有效检测出类型提示中"牛头不对马嘴"的情况，比如对于刚才的例子，在 PyCharm 中会有相应的提示，如图 10-7 所示。

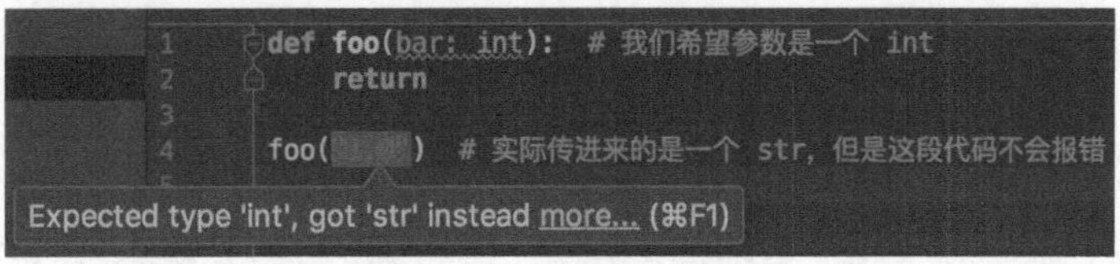

```
1  def foo(bar: int):  # 我们希望参数是一个 int
2      return
3
4  foo(     )  # 实际传进来的是一个 str，但是这段代码不会报错
Expected type 'int', got 'str' instead more... (⌘F1)
```

图 10-7　PyCharm 提示

这样在传递参数的时候，就可以避免错误的类型。

10.2.3 扩展的类型提示

对于 Tuple、List、Dict，它们有特殊的类型提示方式。比如希望接收一个元素全部是 int 的 List 为函数参数的话，我们需要用到 typing 库：

```
from typing import List


def sort_integers(int_list: List[int]):
    int_list.sort()
```

如果 List 内还需要有其他类型，可以使用 Union：

```
from typing import List, Union


def sort_integers(int_list: List[Union[int, float]]):
    int_list.sort(reverse=True)


list_to_sort = [1, 2.2, 3.3]
sort_integers(list_to_sort)


print(list_to_sort)
```

这里使用的 typing 库是专门为类型提示准备的。以 List 为例，如果我们想描述 List 内元素的类型，可以使用 from typing import List 来引入一个专门为类型提示准备的 List 类型，然后还可以用 Union 来指定多个类型。

此外如果我们希望参数能接收多个类型，我们可以使用 typing 提供的 TypeVar，比如：

```
from typing import TypeVar, List


T = TypeVar('T', int, float)


def vec2(x: T, y: T) -> List[T]:
    return [x, y]
```

这里我们定义了一种新类型 T，T 可以是一个 int 也可以是一个 float，同时 T 也可以和 List 嵌套使用，比如 List[T]就表示一个元素全部为 int 或者 float 的 List。

不过依旧要提醒的是，即使用了 typing，一切类型提示都是发生在编辑期的，不会影响运行期，而且它只能用在函数的参数和返回值上。

10.3 PEP 526

PEP 526 内容是 Variable Annotations，即变量标注，它是 Python 3.6 才引入的一个特性。实际上在 PEP484 中有一个 type comments 的概念跟它非常相近，我们看一个例子：

```
# Python 3.5 Type Comments
var1 = 1  # type: int


# Python 3.6 Variable Annotations
```

```
var2: int = 2
```

显然变量标注和类型提示的语法更加统一，因此我们提倡使用变量标注而不是添加注释。

当然，变量标注同样是“防君子不防小人”的，也就是说即使这么写：

```
a:int = "2.0"
```

在运行的过程中也不会出现任何错误。

小结

无论任何时候，我们都要记住：代码是给人看的，因此可读性应该永远放在第一位，而 PEP 8 可以让我们写出一手非常地道的 Python 代码，同时 PEP 484 和 PEP 526 可以大大提高代码可读性。良好的编码习惯是提高编程能力的基础。

本章对 PEP 8、PEP 484、PEP 526 的介绍都相当简略，如果学有余力可以去 https://www.python.org/dev/peps/阅读原文来进一步提升，同时国内也有一些中文翻译的版本可供参考。

下一章我们会学习在程序设计中非常重要的一个概念——面向对象，它相对函数而言是对客观世界更进一步的抽象，是我们程序设计中非常重要的一种思想。

习题

由于本章的特殊性，本章的习题就是在完成实战 1（第 9 章）之后，结合 PEP 8、PEP 484 和 PEP 526，格式化实战 1 的代码，提高可读性。

1. 根据 PEP 8，改正 PyCharm 中出现的所有 PEP 8 提示，并总结自己代码中不符合 PEP 8 的地方。

2. 根据 PEP 484，为所有函数的参数和返回值加上类型提示。

3. 根据 PEP 526，为适当的变量加上变量标注。

第11章 面向对象编程

11 扫码看视频

在介绍面向对象前，不如先思考一下：对象是什么？当然了，这里说的对象肯定不是女朋友。在编程领域，对象是对现实生活中各种实体和行为的抽象。比如现实中一辆小轿车就可以看成一个对象，它有 4 个轮子，一个发动机，5 个座位，可以加速也可以减速，于是我们就可以用一个类来表示拥有这些特性的所有的小轿车，这就是面向对象编程的基本思想。

我们之前讲过，函数是对客观世界逻辑的抽象，那么现在对象也是对客观世界的抽象，二者是否冲突？答案是完全不冲突。因为前者其实属于面向过程的编程，而本章所讲述的面向对象编程是另一种编程思想，它从另一个角度为我们展示了一种更加强有力的抽象方法。

11.1 面向对象

刚才我们已经提到了面向对象编程中的两个概念：类和对象，实际上这也是最核心的两个概念。我们先从总体上看一看类和对象的语法，然后再学习具体的用法。

11.1.1 类

类在 Python 中对应的关键字是 class，我们先看一段类定义的代码：

```
class Vehicle:
    def __init__(self):
        self.movable = True
        self.passengers = list()
        self.is_running = False

    def load_person(self, person: str):
        self.passengers.append(person)

    def run(self):
        self.is_running = True

    def stop(self):
        self.is_running = False
```

这里我们定义了一个交通工具类，我们先看关键的部分，如下所示。

- 第 1 行：包含了类的关键词 class 和一个类名 Vehicle，结尾有冒号，同时类里所有的代码为一个新的代码块。
- 第 2、7、10、13 行：这些都是类方法的定义，它们定义的语法跟正常函数是完全一样的，但是它们都有一个特殊的 self 参数。
- 其他的非空行：类方法的实现代码。

这段代码实际上定义了一个属性为所有乘客和相关状态，方法为载人、开车、停车的交通工具类，但是这个类到目前为止还只是一个抽象，也就是说我们仅仅知道有这么一类交通工具，还没有创建相应的对象。

11.1.2 对象

按照一个抽象的、描述性的类创建对象的过程，叫作实例化。比如对于刚刚定义的交通工具类，我们可以创建两个对象，分别表示自行车和小轿车，代码如下：

```
car = Vehicle()
bike = Vehicle()
car.load_person('old driver')  # 对象加一个点再加上方法名可以调用相应的方法
car.run()
print(car.passengers)
print(car.is_running)
print(bike.is_running)
```

我们一句一句地看这几行代码。

- 第 1 行：通过 Vehicle()即类名加括号来构造 Vehicle 的一个实例，并赋值给 car。要注意的是每个对象在被实例化的时候都会先调用类的__init__方法，更详细的用法我们会在后面看到。
- 第 2 行：类似地，构造 Vehicle 实例，赋值给 bike。
- 第 3 行：调用 car 的 load_people 方法，并装载了一个老司机作为乘客。注意方法的调用方式是一个点加上方法名，这里的点就是运算符。
- 第 4 行：调用 car 的 run 方法。
- 第 5 行：输出 car 的 passengers 属性。注意属性的访问方式是一个点加上属性名。
- 第 6 行：输出 car 的 is_running 属性。
- 第 7 行：输出 bike 的 is_running 属性。

同时这段代码会输出：

```
['old driver']
True
False
```

可以看到自行车和小轿车是从同一个类实例化得到的，但是却有着不同的状态，这是因为自行车和小轿车是两个不同的对象。

11.1.3 类和对象的关系

如果之前从未接触过面向对象的编程思想，那么有人可能会问一个问题：类和对象有什么区别?

类将相似的实体抽象成相同的概念，也就是说类本身只关注实体的共性而忽略特性，比如对于自行车、小轿车甚至是公交汽车，我们只关注它们能载人并且可以正常运动停止，所以抽象成了一个交通工具类。而对象是类的一个实例，有跟其他对象独立的属性和方法，比如通过交通工具类我们还可以实例化出一个摩托车，它跟之前的自行车、小轿车又是互相独立的对象。

如果用一个形象的例子来说明类和对象的关系，我们不妨把类看作是设计汽车的蓝图，上面有一辆汽车的各种基本参数和功能，而对象就是用这张蓝图制造的所有汽车，虽然它们的基本构造和参数是一样的，但是颜色可能不一样，比如有的是蓝色的而有的是白色的。

11.1.4 面向过程还是对象

对于交通工具载人运动这件事，难道用我们之前学过的函数不能抽象吗？当然可以，比如：

```
def get_car():
   return { 'movable': True, 'passengers': [], 'is_running': False}


def load_passenger(car, passenger):
   car['passengers'].append(passenger)


def run(car):
   car['is_running'] = True


car = get_car()
load_passenger(car, 'old driver')
run(car)
print(car)
```

这段代码是“面向过程”的——就是说对于同一件事，我们抽象的方式是按照事情的发展过程进行的。所以这件事就变成了获得交通工具、乘客登上交通工具、交通工具动起来这 3 个过程。但是反观面向对象的方法，我们一开始就是针对交通工具这个类设计的，也就是说我们从这件事情中抽象出了交通工具这个类，然后思考它有什么属性，能完成什么事情。

虽然面向过程一般是更加符合人类思维方式的，但是随着学习的深入，我们会逐渐意识到面向对象是程序设计的一个利器，因为它把一个对象的属性和相关方法都封装到了一起，在设计复杂逻辑时候可以有效降低思维负担。

但是面向过程和面向对象不是冲突的，有时候面向对象也会用到面向过程的思想，反之亦然，二者没有优劣性可言，也不是对立的，都是为了解决问题而存在。

11.2 类的定义

对面向对象有了一个整体的概念后，我们来学习 Python 中相应的具体语法。刚才我们已经提到了，面向对象的重要概念之一是类，而类在 Python 中由 3 部分组成——类名、属性和方法。

11.2.1 类名

类名的定义写在类定义的第一行，和函数的定义写法很像，但是关键词不同，比如之前交通工具类的类名定义：

```
class Vehicle:
```

但是要注意的是，这里的定义还可以扩展，我们在下一章学到继承的时候会看到完整的定义。

11.2.2 属性

1. 创建

类的属性分两种，分别是类属性和实例属性，它们怎么声明呢？

类属性只要在类的定义内，类方法的定义外即可，而实例属性有些特殊，我们看一个例子：

```
class Vehicle:
    class_property = 0             # 没有 self，并且写在方法外，这是类属性

    def __init__(self):
        temporary_var = -1             # 写在方法里，但是没有 self，这是一个局部变量
        self.instance_property = 1   # 有 self，这里创建了一个实例属性
        Vehicle.class_property += 1 # 操作类属性需要写类名
```

可以看到对于实例属性并不用特别的声明，它跟 Python 的变量很像，只要直接赋值就可以创建。那么二者有什么区别呢？我们可以尝试实例化两个对象：

```
car1 = Vehicle()
print(f'class: {Vehicle.class_property}')
print(f'instance:{car1.instance_property}')

car2 = Vehicle()
print(f'class: {Vehicle.class_property}')
print(f'instance: {car2.instance_property}')
```

这段代码会输出：

```
class: 1
instance: 1
class: 2
instance: 1
```

这里我们可以看到随着两个对象的实例化，类的__init__函数被执行了两次，两个对象的实例属性相互独立都是 1，但是类属性由 1 变成了 2。这里我们可以这么理解，类属性就是一个类的“全局变量”，比如对于一个小轿车类，它的销量就可以当作是一个类属性，每实例化一个小轿车销量就加 1，也就是说类属性是所有对象共享的一个变量，而实例属性就好比小轿车的颜色，每个对象之间是相互独立的。

2. 访问

上面已经提到了，类属性是共享的，而实例属性是针对特定对象的，所以我们访问类变量的时候前面应该是类名，访问实例变量的时候前面应该是具体的对象，否则就会出现一些意想不到的情况，比如：

```
car3 = Vehicle()
print(car3.class_property)      # 错误！应该用类名访问，但是也能返回正确的值
car3.class_property = 0         # 错误！
print(Vehicle.class_property)   # 正确
```

这段程序会输出：

```
3
3
```

虽然我们尝试修改类属性，但是并没有成功，这是为什么呢？关键原因是当用类名来访问的时候访问到的一定是类属性，但是用特定对象访问类属性的时候，如果是赋值操作，那么 Python 解释器会直接创建一个新的同名实例变量或者覆盖已有的实例变量，如果是读取操作，那么 Python 解释器会优先寻找实例属性，否则就返回类属性。这段解释听起来很绕，我们结合代码看看 Python 解释器做了什么工作：

```
car3 = Vehicle()  # 创建了一个 Vehicle 实例，它有一个类属性 class_property
print(car3.class_property)
# 尝试读取 car3 的实例变量 class_property 但是没有找到，然后才从类属性找到返回
car3.class_property = 0
# 这是个赋值操作，直接创建一个实例属性 class_property 并赋值为 0
print(Vehicle.class_property)  # 直接读取 Vehicle 类的类属性 class_property
```

最后，car3 拥有一个类属性 class_property 值为 3，同时也拥有一个实例属性 class_property 值为 0，所以如果这时候我们这样访问：

```
print(car3.class_property)
```

是完全合法的，因为 car3 的确有一个名为 class_property 的实例属性了，虽然是无意间创建的。

11.2.3 方法

类的方法有 3 种——实例方法、类方法、静态方法。

1. 静态方法

静态方法也叫 staticmethod，要注意的是静态方法要在方法定义前一行加上@staticmethod，这是一个装饰器，我们会在后面的章节介绍，这里只要知道定义的时候必

须加上就可以了。

所以定义一个静态方法是这样的：

```
class Vehicle:
    @staticmethod
    def static_method():
        print('Old driver, take me!')
```

调用的时候直接用类名进行调用：

```
Vehicle.static_method()
```

这段代码会输出：

```
Old driver, take me!
```

其实一个静态方法跟模块内正常的函数定义除了语法是完全等价的，也就是说这段代码可以写成这样：

```
def static_method():
    print('Old driver, take me!')


static_method()
```

那么静态方法存在的意义是什么呢？当有一些单独的函数跟某个类关系非常紧密的时候，为了统一性也为了易于使用，我们可以把这些函数拿过来放到这个类中作为静态函数使用。比如现在我们有一个这样的函数：

```
def is_car(car):
    # 一些判定逻辑
    return True
```

这个函数不会访问到 Vehicle 的任何属性和方法，但是它的意义与 Vehicle 非常相近，所以我们希望用户可以这样直接调用：

```
Vehicle.is_car(car)  # 让 is_car 成为 Vehicle 的静态方法
```

这样是非常符合直觉的，同时用户只要导入了 Vehicle 就可以拥有这个方法，这也是相当方便的。

2. 类方法

类方法的名字是 classmethod，和之前的静态方法类似，它也需要一个装饰器 @classmethod，所以它的定义是这样的：

```
class Vehicle:
    class_property = 0


    @classmethod
    def class_method(cls):
        print(cls.class_property)
```

然后我们仍然是通过类名调用它：

```
Vehicle.class_method()
```

然后正如我们期望的那样，输出的结果是：

```
0
```

这里和静态方法最大的不同就是 class_method 有一个参数 cls，并且更神奇的是在调用的时候这个参数并没有被显式指定，这是怎么回事呢？

之前讲过，类属性应该通过类名来访问，其实这里 cls 就是类名，因此这里 cls.class_property 其实就是 Vehicle.class_property。另外为什么我们不用指定类名就会隐式传递参数呢？是因为这样写是可以支持多态的，也就是说这里传入的 cls 一定是当前对象的类名，具体的在这里就不展开了，下一章学习多态的时候会涉及到。总之我们只要记住，对于类方法，第一个参数总是会隐式传入类名就好了，对于后面马上要提到的实例函数也有类似的情况。

另外这里要注意的是，在类方法中只能访问类属性和其他的类方法，因为我们只有类名没有具体的对象。

3. 实例方法

最重要的也是最常见的方法就是实例方法了，它对应的英文是 instance method，不过在类中定义方法默认就是实例方法，所以它不需要任何装饰器修饰，比如回到我们最一开始的例子：

```
class Vehicle:
    class_property = 0

    def __init__(self): # __init__ 是一个实例方法，但是它很特殊
        temporary_var = -1
        self.instance_property = 1
        Vehicle.class_property += 1

        self.passengers = list()

    def load_passengers(self, new_passengers): # load_passengers 也是一个实例方法
        self.passengers.extend(new_passengers)

car1 = Vehicle()

car1.load_passengers(['alice', 'bob'])
print(car1.passengers)
```

这段代码会输出：

```
['alice', 'bob']
```

在这段代码中出现了两个实例方法——__init__和 load_passengers，我们先看后者。

实例方法的定义和普通函数的定义如出一辙，但是有些不同的地方是实例方法第一个参数一定是 self，并且类似 classmethod，这里的 self 也是隐式传入的，那么这里 self 是什么呢？其实 self 就是调用这个方法的实例自己，也就是说在上面这段代码中，当 car1 调用 load_passengers 的时候其实第一个隐式传入的参数就是 car1 自身，这就是为什么要

叫作实例方法。

另外，根据输出我们可以看出，load_passengers 这个方法将 ['alice', 'bob'] 这个 List 里的两个字符串装进了 car1 的实例属性 passengers 里。这就是实例方法存在的意义——对相应的实例操作，表现对象的特性。

当然由于我们拥有一个完整的对象，因此我们可以操作这个对象的所有属性，调用它任何一个方法，这也是实例方法和之前的类方法、静态方法的重要区别之一。

11.3 特殊的实例方法

讲完了普通的实例方法，我们再回头看看__init__。

其实__init__背后是一系列继承自 object 的特殊函数。因为我们还没有学习什么是继承和 object，这里只需要有一个印象，知道 Python 中每一个类都有一些名称固定有特殊行为的函数就行了。接下来我们先看看有代表性的几个函数，如表 11-1 所示。

表 11-1　特殊实例方法

方法名	简介
__init__(self[, ···])	在实例创建后会被调用
__del__(self)	在实例析构时会被调用
__str__(self)	在把实例转换成字符串时调用，用于输出人类可读的内容
object.__lt__(self, other) object.__le__(self, other) object.__eq__(self, other) object.__ne__(self, other) object.__gt__(self, other) object.__ge__(self, other)	这些方法可以实现类的运算符，例如 x < y 相当于调用 x.__lt__(y)。如果实现了 __lt__，那么就可以对这个类的两个实例使用 < 这个操作符

11.3.1 初始化和析构

之前学习了类的定义，但是别忘了面向对象中还有个对象呢，所以这里我们会看到对象是如何初始化和析构的。在上述方法中与之密切相关的是__init__和__del__，比如之前的交通工具的例子：

```
class Vehicle:
    class_property = 0

    def __init__(self, car_name='car', speed = 60):  # 初始化方法
        temporary_var = -1
        self.class_property = 1
        Vehicle.class_property += 1
        self.car_name = car_name
        self.speed = speed
```

```
        self.passengers = list()

    def __del__(self):  # 析构方法
        Vehicle.class_property -= 1

car1 = Vehicle('train', 160)  # 创建对象，调用 __init__
print(f'class: {Vehicle.class_property}')
car2 = Vehicle(car_name='bus', speed=60)
print(f'class: {Vehicle.class_property}')
del car2  # 销毁对象，会调用 __del__
print(f'class: {Vehicle.class_property}')
```

这段代码会输出：

```
class: 1
class: 2
class: 1
```

实际上实例化一个对象的方法就是把类名像函数一样调用，不过这里同样会隐式传入一个 self，而且由于我们的初始化方法还有默认参数，因此我们还可以这么使用：

```
car3 = Vehicle(speed=120)  # car_name 默认为 car
car4 = Vehicle('bus')  # speed 默认为 60
```

因此我们可以看到这里对__init__的调用除了隐式传参以外，跟正常的函数调用是没有任何区别的，于是通过__init__我们就实例化了一个类得到了相应的对象。

而__del__提供了对象被删除时候要进行的操作，相比之前__init__，这个过程中没有任何的显式函数调用，是解释器在释放资源的时候在背后做的工作。

一般来说，我们会在__init__中完成一些初始化工作，比如实例变量的创建赋值等等，而在__del__中完成收尾工作，这就是对象的初始化和析构。

11.3.2 转字符串

这里还有一个比较重要的方法是__str__，它返回一个用于表示相应对象的字符串，比如之前的 Vehicle 类，如果我们直接传给 print 函数：

```
car1 = Vehicle('train', 160)
print(car1)
```

会返回类似这样的结果：

```
<__main__.Vehicle object at 0x0000029D8AB58668>
```

这里返回内容其实是模块名称、类名、调用的函数名以及相应的 id，总之对我们理解这个对象是没有太大帮助的，那么我们如何让 print 的结果更加有意义呢？这里我们可以选择实现__str__方法，比如：

```
class Vehicle:
    # 其余定义省略
    def __str__(self):
        print('Im converting this object to string!')  # 用于证明这个函数的确被调用了
```

```
        return f'name:{self.car_name}, speed:{self.speed}, passengers:{self.
passengers}'

    def load_passengers(self, passengers):
        self.passengers.extend(passengers)
```

然后我们实例化一个 Vehicle 对象，添加两名乘客后 print 对象：

```
car1 = Vehicle('car', 50)
car1.load_passengers(['alice', 'bob'])
print(car1)  # 相当于 print(car1.__str__()) 或者 print(str(car1))
```

这段代码会输出：

```
Im converting this object to string!
name:car, speed:50, passengers:['alice', 'bob']
```

可以看出在 print 的时候的确调用了我们实现的__str__的函数，并且输出了我们想要的结果。

11.3.3 实现运算符

在 Python 中非数值类型默认是无法比较的，比如我们希望两辆车可以比较车速，如果我们直接这么写的话：

```
car1 = Vehicle()
car2 = Vehicle()
print(car1 < car2)
```

Python 会抛出一个 TypeError:'<' not supported between instances of 'Vehicle' and 'Vehicle'，因为两个类之间比较有太多的可能性，Python 不知道用户要比较什么，所以抛出了这个错误。

为了让 Python 知道当我们比较两个 Vehicle 对象的时候，实际上是想比较它们的车速，我们可以分别实现__lt__和__gt__，这样当 Python 遇到两个 Vehicle 比较的时候就会根据运算符去调用这两个函数来判定大小关系，比如：

```
class Vehicle:
    class_property = 0

    def __init__(self, car_name='', speed=0):
        temporary_var = -1
        self.instance_property = 1
        Vehicle.class_property += 1
        self.car_name = car_name
        self.speed = speed
        self.passengers = list()

    def __lt__(self, other):     # 小于号调用
        print("less?")           # 用于验证的确调用了 __lt__
```

```
        return self.speed < other.speed

    def __gt__(self, other):    # 大于号调用
        print("great?")         # 用于验证的确调用了 __gt__
        return self.speed > other.speed

car1 = Vehicle('train', 160)
car2 = Vehicle('bus', 60)

print(car1 < car2)  # 相当于 car1.__lt__(car2)
print(car1 > car2)  # 相当于 car2.__gt__(car1)
```

这段代码会输出：

```
less?
False
great?
True
```

另外要注意的是，在我们实现相应运算符函数的时候应该保证其逻辑与相应运算符语义一致，比如小于号就应该判断两个对象是否有逻辑上的“小于”关系，这样可以使我们代码的可读性更强。

小结

面向对象相比之前学习的面向过程来说是一种全新的思维方式，它依托于两个重要概念：类和对象，把现实中的有共性的实体抽象成一个有自己的属性和行为的类，然后通过实例化多个对象来完成复杂的逻辑关系。

本章主要讲述了类和对象的基础使用方法，但是面向对象的精髓远远不止这些，下一章我们会学习面向对象的 3 大特性——封装、继承和多态。

习题

1. 写一个 Circle 类，实现可以传入半径的构造方法。
2. 对 Circle 类进行扩展，重载大小比较方法。
3. 实现 Circle 类的面积、周长的计算函数。
4. 实现__str__方法，使得 Circle 类可以直接转换为字符串输出。
5. 为 Circle 类定义实例数量计数，在__new__和__del__的时候增加和减少。
6. 再实现一个 Square 类，实现 Circle 类和 Square 类的面积大小比较。

第12章 封装、继承和多态

在上一个章节，我们学习了面向对象中类和对象的基本使用，但是到目前为止我们还不知道把属性放到一个类里面的意义，也不知道实例方法相比单独拿出来写成一个函数的区别。而且虽然说面向对象是抽象客观世界的利器，但是现在假如我有一个交通工具类，而一个小轿车对象除了交通工具的共性还有许多特性，那面向对象有没有更自然的方法抽象出一个小轿车类呢？这些都是简单的面向对象无法解决的问题。

12 扫码看视频

本章会从面向对象的 3 大特性：封装、继承和多态出发，展示面向对象编程的全貌。

12.1 封装

对类外界隐藏内部细节只保留接口就是面向对象的封装。比如我们之前使用过的 List 的 append、extend 这些接口就是良好封装的体现，我们不必知道 List 内部有什么属性，这些方法用什么方式实现，我们只要知道对于一个 List 有相应的接口可以添加元素就够了。

接下来我们从两个方面来介绍 Python 中类的封装。

12.1.1 使用 slots

在上一章我们讲过，一个对象的实例属性只要赋值就可以创建，即使是在类的定义之外。但是有时候为了更好的封装性，我们希望限制实例能添加的属性，这时候就可以使用__slots__了，比如我们定义这样一个类：

```
class Vehicle:
    __slots__ = ("name", "speed")
```

那么我们实例化这个类后，可以正常添加 name 和 speed 实例变量，比如：

```
car = Vehicle()
car.name = 'car'
car.speed = 60
```

但是当我们尝试添加 slots 中不存在的属性名的时候，比如：

```
car.color = 'red'
```

就会报错 AttributeError: 'Vehicle' object has no attribute 'color'，也就是说我们不能添加__slots__中没有的属性。

通过__slots__我们可以有效限制类的属性，保证了封装的完整性。

12.1.2 访问控制

在封装中另一个重要概念就是访问控制。有些属性我们希望是只读的，而有些属性我们却希望是只写的，同时有些属性的设置可能需要一些预处理，也就是说我们需要控制对属性的访问，提供指定的接口给外部使用，比如：

```
class Book:
    def __init__(self):
        self.book_name = 0
        self.__price = 1          # 私有属性
        self.__stock_count = 0   # 私有属性

    def get_price(self):          # getter
        return self.__price

    def set_price(self, price): # setter
        self.__price = price

    def __stock(self):            # 这是一个私有方法
        if self.__stock_count == 0:
            print('out of stock')

    def get_stock(self):          # getter
        print('checking stock')
        self.__stock()            # 可以在类内部访问私有方法
```

这段代码中 price、stock_count、stock 前面加了两个下划线，这表明它们在类的外部是不可见的，比如我们尝试直接访问__price 属性：

```
book = Book()

print(book.__price)
```

会报错 AttributeError: 'Book' object has no attribute '__price'，但是要注意的是在类的内部我们可以用 self 访问__price，也可以用 self 来调用私有方法 stock()，也就是说在类的内部我们有完整的访问权限。

那么在类的外部我们怎么访问私有属性呢？必须使用一个公共方法来间接访问，一般来说这种方法叫作 getter 和 setter，所以如果我们想访问__price 的话正确的写法应该是：

```
print(book.get_price())
book.set_price(100)
print(book.get_price())
```

这段代码会输出：

```
1
100
```

当然读者可能会有一个疑问：这样大费周章单独拿一个函数去访问变量不是事倍功半吗？

这里主要有两个原因。第一个原因是使用 getter 和 setter 我们可以在类的内部保证数据的形式是我们想要的，进而也可以保证提供对应形式的数据，比如一个表达日期的类，我们可以在 setter 中进行有效性检查，然后在 getter 中根据具体的时间格式化字符串返回，如果没有 setter 的检查那么在 getter 的时候就不能保证返回的日期是合法的，那么健壮性就大大降低了。

另外一个原因是，代码出于修复 bug 或需求变更等原因总是要改动的，所以封装性良好的一个标准就是：当类的内部代码发生改动的时候，外部代码要修改的数量，理想的封装应该是无论内部如何改变，只要提供的接口不变，那么外部代码总是不需要做任何改变就可以继续使用，而使用 setter 和 getter 就可以帮助提高封装性。比如如果不用 getter 和 setter，在某次代码改动的时候属性名发生了变化，那么所有直接赋值的地方都要修改，但是如果使用 getter 和 setter 就几乎不用修改任何代码，这就是一种良好的封装。

12.2 继承

12.2.1 父类与子类

面向对象的继承要解决的问题是：虽然类把事物的共性抽象了出来，但是当我们需要在共性的基础上强调特性的时候该怎么办呢？比如我们上一章虽然抽象出来了交通工具类，但是还有很多具体的交通工具，如图 12-1 所示。

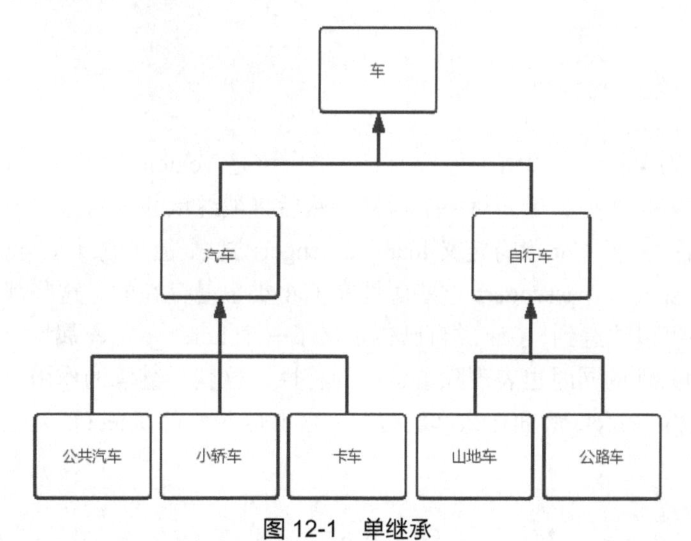

图 12-1 单继承

其中自行车轮子数量是两个，但是汽车轮子数量是 4 个，也就是说虽然它们都属于交通工具，但是有不同的属性，应该是两个不同的类，为了合理地表示这种逻辑关系，就要用到面向对象中的继承。我们可以从交通工具类派生出两个子类，分别表示汽车和自行车，至于公共汽车、小轿车、卡车、山地车、公路车这些子类都是同理。

在这里需要强调一下继承中的两个专有名词，如下所示。

- 父类（parent class）：又名基类（base class），超类（super class），是指被继承的类。
- 子类（child class）：又名派生类（derived class），是指继承于父类的类。

父类和子类是针对某个特定继承关系而言的，比如这里汽车类是交通工具类的子类，但是它又是公共汽车的父类。我们就以交通工具类和汽车类的关系看一看继承的语法：

```
class Vehicle:
    def __init__(self, car_name='', speed=0):
        self.car_name = car_name
        self.speed = speed
        self.passengers = list()

    def load_passengers(self, new_passengers):
        self.passengers.extend(new_passengers)


class Car(Vehicle):                         # 注意这里加了一个括号表明父类是 Vehicle
    def __init__(self, car_name='', speed=0, horse_power=100):
        super().__init__(car_name=car_name, speed=speed)
                                            # super 就是父类，后面会讲到
        self.horse_power = horse_power      # 特性
        self.load_passengers('driver')


car = Car(car_name='alto')
print(car.car_name)
```

从上面的代码中我们可以清晰地看到 Car 类应该是 Vehicle 的子类，在 Python 中这种继承关系的体现就是在类名后面写一个括号，然后将被继承的类名写进去。可以看出，在继承 Vehicle 类后，虽然 Car 没有定义 load_passenger 方法，但是它从父类获得了这个方法，同时 car_name、speed、passengers 这些属性在 Car 类也是存在的，这些都是交通工具的共性。另外我们还可以注意到，Car 类自己也定义了一个 horse_power 属性，所以 Car 类在表现出交通工具的共性的同时也表现除了自己的特性，这就是继承的作用。

实际上，虽然 Vehicle 后面什么都没有写，它也是继承自 object 的，也就说它的声明等价于：

```
class Vehicle(object):
    # 各种属性和方法
```

object 是 Python 中所有类的父类，而 object 中就有上一章我们讲过的__init__、__del__、__str__、__lt__、__gt__这些方法，也就是说我们在不知不觉中就享受着继承带来的好处。

12.2.2 私有属性和方法

我们之前在讲封装的时候提到过，私有的属性和方法在类外是不可见的，那么现在对于子类来说是怎么样的呢？我们可以写一段代码测试一下：

```
class Vehicle:
    __id = 0
    def __init__(self, car_name='', speed=0):
```

```
        self.car_name = car_name
        self.speed = speed
        self.passengers = list()
        self.__id = Vehicle.__id + 1
        Vehicle.__id += 1

    def load_passengers(self, new_passengers):
        self.passengers.extend(new_passengers)

    def __print_id(self):
        print(self.__id)

    def get_id(self):
        return self.__id

class Car(Vehicle):
    def __init__(self, car_name='', speed=0, horse_power=100):
        super().__init__(car_name=car_name, speed=speed)
        self.horse_power = horse_power
        self.load_passengers('driver')

    def get_id_directly(self):
        print(self.__id)

    def print_id_directly(self):
        self.__print_id()

car = Car(car_name='alto')
```

如果分别调用 get_id_directly 和 print_id_directly 的话：

```
# 执行某一句的时候就把另一句注释
print(car.get_id_directly())
# print(car.print_id_directly())
```

可以得到两个报错：AttributeError: 'Car' object has no attribute '_Car__id' 和 AttributeError: 'Car' object has no attribute '_Car__print_id'，可见在子类中父类所有公共属性和方法都是可以访问的，但是私有属性和方法是不可见的，那如果子类中的确需要访问父类的私有属性该怎么办呢？这种情况下可以直接使用父类的 getter 和 setter，比如：

```
class Car(Vehicle):
    # 其他定义省略
    def get_id_directly(self):
        print(super().get_id())  # 调用父类的方法，后面会讲到
```

```
car = Car(car_name='alto')
car.get_id()             # 父类的 getter 也可以直接访问
car.get_id_directly()    # 在子类内部也可以访问
```

当然如果父类本身没有提供相应的 getter 和 setter，那说明父类在设计之初就不希望这个属性被外界修改，因此子类也不应该去尝试修改。

到这里我们应该可以看到继承实际上做的事情就是在子类中提供了一份父类的副本，但是相对于父类来说子类也是外界，所以权限控制对子类也同样生效。

12.2.3 单继承和多继承

之前的继承都是“单继承”，也就是说父类只有一个，但是 Python 也是支持多继承的，比如图 12-2 所示的情况可能就需要多继承。

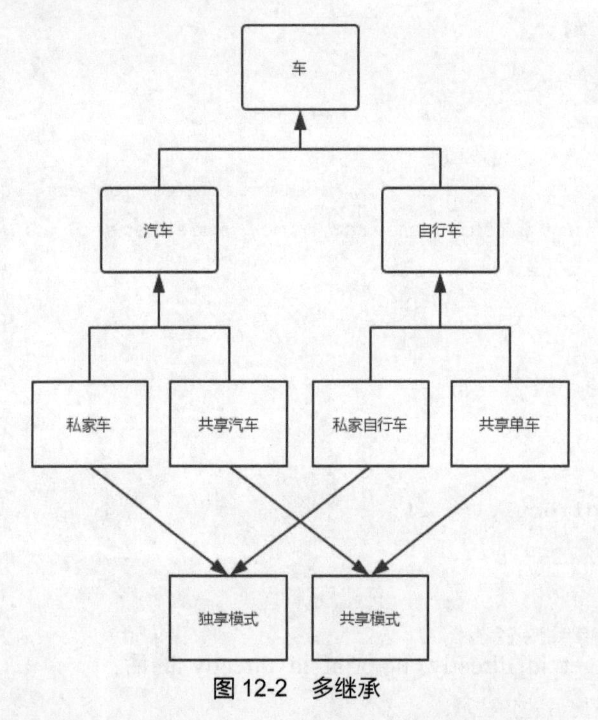

图 12-2 多继承

私家车类、共享汽车类、私家自行车类、共享单车类都是多继承，它们都有两个父类。

在 Python 中，多继承的写法很简单，只要在声明的时候加上其他父类即可：

```
class PrivateCar(Car, PrivateMode)
```

这样一来子类 PrivateCar 就有两个父类的所有属性和方法了，这看起来很好，但是要注意的一点是一旦父类中出现了同名的属性或者方法，事情就会立刻变得麻烦起来，Python 会使用一种复杂的算法来解析调用，这里就不详细展开了。基于这个原因，我建议在使用面向对象编程的时候，尽量使用单继承解决问题，避免使用多继承。

12.2.4 覆盖父类方法

子类在继承父类之后，也继承了所有的属性和方法。但是如果某个方法已经不足以表达子类的特性了怎么办呢？这时候子类就可以完全重写这个方法覆盖父类的方法，比如：

```
class Vehicle:
    def __init__(self, car_name='', speed=0):
        self.car_name = car_name
        self.speed = speed
        self.passengers = list()
        self.__id = Vehicle.__id + 1
        Vehicle.__id += 1

    def add_gas(self):
        print('please add 92#')

class Bike(Vehicle):
    def add_gas(self):  # 这里覆盖了父类的方法
        print('no gas required')
```

这样 Bike 的实例在调用 add_gas 的时候就会调用 Bike 类的 add_gas，比如：

```
bike = Bike(car_name='my bike')
bike.add_gas()
```

这段代码会输出：

```
no gas required
```

这样我们就覆盖了父类的同名方法。

12.2.5 调用父类方法

但是有时候我们又希望在父类方法实现的基础上加入子类的特性，也就是说我们希望在子类中访问父类的方法，那么我们可以用 super 这个关键词，比如：

```
class Vehicle:
    def __init__(self, car_name='', speed=0):
        self.car_name = car_name
        self.speed = speed
        self.passengers = list()
        self.__id = Vehicle.__id + 1
        Vehicle.__id += 1

    def add_gas(self):
        print('please add 92#')

class Car(Vehicle):
    def __init__(self, car_name='', speed=0, horse_power=100):
        super().__init__(car_name=car_name, speed=speed)  # 这里调用了父类的初始化函数
        self.horse_power = horse_power
```

```
        self.load_passengers('driver')
```

代码中有一个 super()，这是访问父类的方法之一。这样不论有没有重写，调用的一定是父类的方法。特殊地，这里我们用的例子是初始化函数，因为子类往往跟父类有一些共性，所以可以通过调用父类的初始化函数来简化代码。

除了使用 super()，还有两种方法。第一种是直接使用父类类名来调用，比如上面的初始化函数就可以这么写：

```
class Car(Vehicle):
    def __init__(self, car_name='', speed=0, horse_power=100):
        Vehicle.__init__(self, car_name=car_name, speed=speed)
                                              # 需要显式传入 self

        self.horse_power = horse_power
        self.load_passengers('driver')
```

这样写的好处是清晰，缺点是如果父类名发生变化，那么所有这样写的子类的代码都要修改。

此外 super 也还有一种用法，或者说是 super 的完全形式：

```
class Car(Vehicle):
    def __init__(self, car_name='', speed=0, horse_power=100):
        super(Car, self).__init__(car_name=car_name, speed=speed)
                                              # 会自动传入 self

        self.horse_power = horse_power
        self.load_passengers('driver')
```

在类内这样使用 super 和之前 super 不带任何参数的效果是一样的，但是如果我们需要在类外面调用父类方法而不是子类重写方法的时候就有区别了，比如：

```
car = Car()
super(Car, car).add_gas()  # 这里调用的一定是父类的 add_gas 方法，即使子类重写过
```

其实这里我们也可以理解为在类内使用 super()的时候由于类名和对象在当前语境都是显然的，所以 Python 为我们隐式传入了。

12.3 多态

在面向对象编程中，多态是指同一个方法调用可以根据类型的不同对应到不同的实现上，比如我们之前定义过一个汽车类和一个自行车类，现在我们提供一个函数给交通工具加油，比如：

```
def my_add_gas(v: Vehicle):
    v.add_gas()


my_add_gas(car)
my_add_gas(bike)
```

我们已经知道了，汽车可以加油但是自行车不用加油，所以这段代码和我们的直觉一致，会输出：

```
please add 92#
no gas required
```

在这里 add_gas()会根据 v 的类型不同自动调用相应的方法，这就是多态的含义。

实际上，在 Python 中，更多使用的一种思想是 Duck Typing，翻译过来就是“鸭子类型”。鸭子类型来自美国印第安纳州的诗人詹姆斯·惠特科姆·莱利的一首诗：“When I see a bird that walks like a duck and swims like a duck and quacks like a duck，I call that bird a duck。”翻译过来就是，“当看到一只鸟走起来像鸭子、游泳起来像鸭子、叫起来也像鸭子，那么这只鸟就可以被称为鸭子。”

在 Python 中的表现就是，只要一个对象有特定的接口，并且参数兼容，那么得益于动态类型，这个对象就能调用这个接口，比如我们之前实现过的__str__就是一个很好的例子。鸭子类型更关注类型是否拥有对应的方法，而不关注它是否继承了某个特定的父类，例如这样写虽然破坏了 Type Hinting，但是也能正确运行：

```
class Bike:  # 注意！这里没有继承 Vehicle
    def add_gas(self):
        print('no gas required')

bike = Bike()

def my_add_gas(v: Vehicle):
    v.add_gas()

my_add_gas(car)
my_add_gas(bike)
```

这里去掉了 Bike 类对 Vehicle 的继承，但是保留了 add_gas()方法，输出依旧是：

```
please add 92#
no gas required
```

虽然鸭子类型的确可以使多态脱离传统的继承模型，但是一个合理的继承体系可以让代码的逻辑更加清晰可读。

小结

本章在上一章的基础上，讲解了面向对象的 3 大特征——封装、继承和多态。封装就是把和一个类相关的属性和行为放到一起封装起来，并且隐藏内部细节，只暴露接口；继承反映了客观世界中对象之间普遍的关系，在保留共性的同时赋予每个子类特性；多态或者说鸭子类型则为 Python 面向对象提供非常灵活的使用方式。

到这里，面向对象编程的学习就告一段落了，下一章我们学习如何利用 Python 进行文件读写。

习题

1．设计一个“圆”类，要求私有属性包括：

- 半径；
- 周长；
- 面积。

私有方法包括：

- 计算面积；
- 计算周长。

公开方法包括：

- 设置半径；
- 获取面积；
- 获取周长。

其中，半径是可以设置的，面积和周长会随着半径更新而更新。

2. 设计一套课程类，实现不同类别的课程类。课程基类包括：

- 属性：课程名；
- 属性：授课教师；
- 属性：学生人数；
- 方法：上课；
- 方法：收作业。

需要实现课程的子类包括：通识课、专业课、公选课和实验课，然后再实现特定的课程类，子类的属性方法可以自由选定。注意有的课程既是专业课又是实验课，或者既是通识课又是实验课等等，实现多继承并重写上课和收作业两个方法。

3. 针对上面的课程类，实现一个输出课程信息的函数。

4. 在上一章中我们提到了 classmethod 的第一个参数 cls 一定是当前对象的类名，那如果是子类调用父类的类方法，cls 是子类的类名还是父类的类名呢？用本章的知识解释你的答案。

第13章 生成器与迭代器

其实在前面的章节中，有一个概念我们虽然没有深入剖析，但是一直在无形中使用，它就是“可迭代对象”。回忆一下数学中用于求根的牛顿迭代法——为了求出一个函数的根而不断做切线一步步逼近根的具体值，所以迭代实际上就是一种在上次活动基础上以重复的方法不断接近目标的过程。

13 扫码看视频

在编程领域中，迭代是非常常见的，比如容器元素的遍历就是典型的迭代过程，本章会介绍 Python 中的两种可迭代对象生成器和迭代器。

13.1 初探迭代器

我们之前学习过，Python 中的 for 循环一般是这么写的：

```
for i in range(5):
    print(i)
```

之前我们在讲解这段代码的时候提到过，range(5) 生成了一个临时的迭代器，它的效果在这里等价于生成一个 [0, 1, 2, 3, 4] 的序列供遍历，也就是这样一个函数：

```
def my_range(end):
    i = 0
    result = list()          # 构造一个 List
    while i < end:
        result.append(i)     # 将每个状态都加入这个 List
        i += 1
    return result            # 返回所有状态
```

这里我们实际上就实现了一个简易的 range，也就是说上面那段代码也可以这么写：

```
for i in my_range(5):
    print(i)
```

它们的输出都是一样的，那么 range()是这么实现的吗？我们来看看二者的返回值的类型：

```
a = range(5)
print(type(a))               # type() 会返回一个变量的类型
b = my_range(5)
print(type(b))
```

这段代码的输出是：

```
<class 'range'>
```

```
<class 'list'>
```

也就是说 range()并没有像我们想象的那样返回一个相应长度的 List，而是返回了一个类型为 range 的对象，而这个对象就是一个迭代器。

那么为什么要迭代器而不用我们这样直观简单的返回 List 的实现方法呢？一个非常重要的原因是，当传入的参数很大的时候，比如 100 000，我们自己实现的 my_range 就会返回一个长度为 100 000 的 List，假设其中每个元素都是一个 int，只占 4 个字节，那么这一个 List 就要吃掉接近 400 MB 的内存，这显然是不能接受的，但是如果使用 range 来用迭代器的话无论输入的参数有多大，占用的内存基本不变而且非常少。

生成器也是可迭代对象的一种，接下来我们先看看怎么改写我们的 range 函数让它变成一个生成器。

13.2 生成器

创建生成器的一种方法是利用 yield 关键字，它的作用和 return 类似，解释器在函数中遇到 yield 后会立即返回相应的值。但是 yield 跟 return 最大的不同是，在下次调用这个函数的时候不会从头开始执行，而是会从上次 yield 返回后的下一句开始执行，并且这时候函数的上下文，简单来说就是各变量的值，也是和上次 yield 返回的时候是一致的。

形象地说，普通使用 return 的函数每次执行就像是一条线段，从一个端点到另一个端点，但是使用了 yield 的函数每次执行更像是一个圆，从一个起点开始在固定位置返回后继续绕圈执行。

同时最关键的一点是，任何使用 yield 的函数返回值都会成为一个生成器对象。

所以我们可以用 yield 重新来实现 range 函数：

```
def my_range(end):
    i = 0
    while i < end:
        yield i  # 这里返回 i
        i += 1
```

然后我们再看一下这个函数返回对象的类型：

```
g = my_range(10)
print(type(c))
```

可以得到输出是：

```
<class 'generator'>
```

可以看到虽然我们没有 return 任何对象，但是这个函数返回的一定是一个生成器。它的使用方法跟 range 完全一致，并且性能上几乎没有差别：

```
for i in my_range(10):
    print(i)
```

那么这段代码运行的过程该怎么理解呢？如果仅仅用文字说明就太难懂了，接下来我们用单步调试的方法来看一看输出这 10 个数字的执行过程。

之前曾经演示过 IDLE 的调试功能，这里为了更好地演示，采用了 PyCharm 来调试。如图 13-1 所示，我们在 for 循环那一行的左边点一下就会出现一个红色的断点。

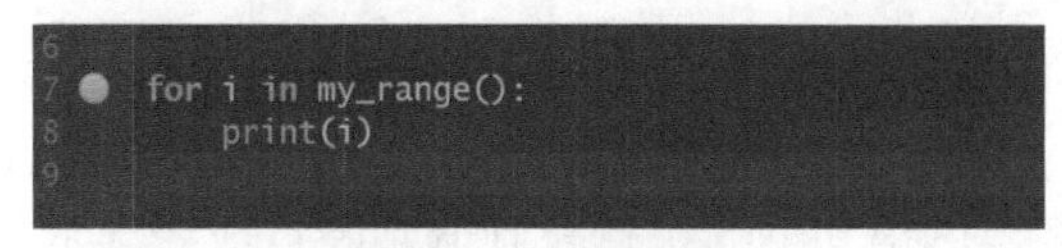

图 13-1　设置断点

跟以往直接运行不同的是，我们这里单击右键出现菜单后选择“Debug 'Yield'”，这样我们之前设置的断点才会生效，如图 13-2 所示。

这样程序就会在 for 循环这一行暂停了，其中被高亮的行是即将被执行的代码，如图 13-3 所示。

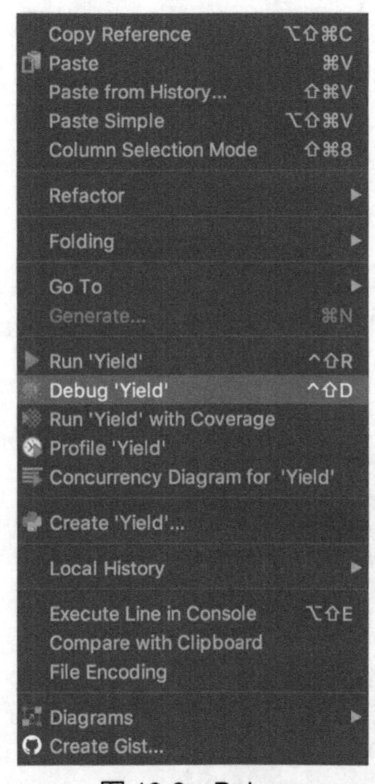

图 13-2　Debug

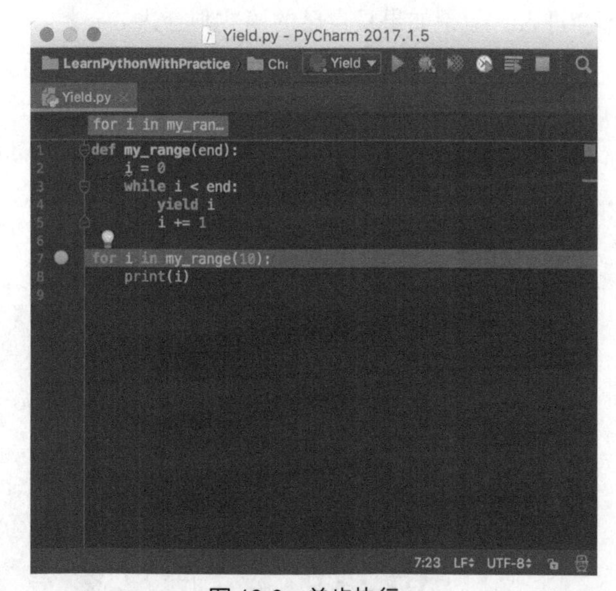

图 13-3　单步执行

同时 PyCharm 的下面会出现一个专门的调试窗口来控制程序的执行，如图 13-4 所示。

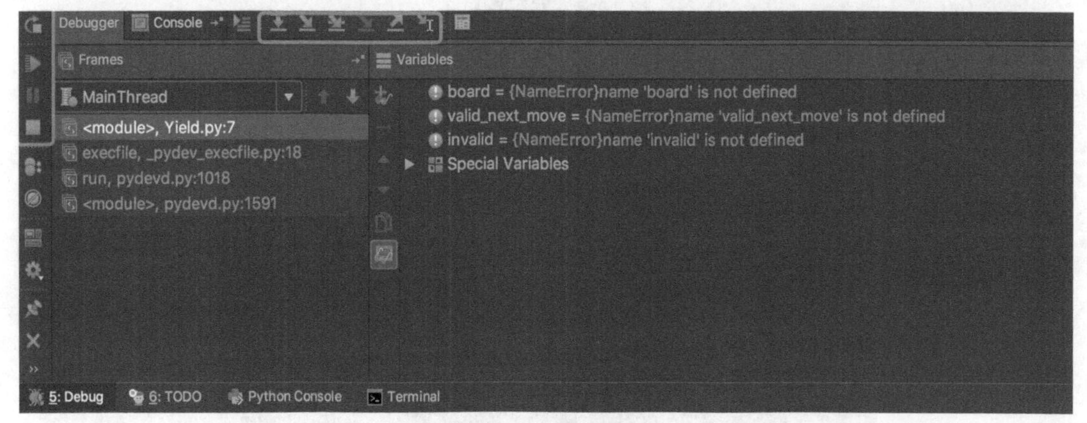

图 13-4　调试窗口

由于调试是一项非常重要的技能，因此这里重点介绍一下这个调试窗口。

左边的方框中有 4 个按钮，它们分别是：

- 重新启动调试：放弃当前调试重新开始；
- 继续：从当前暂停的语句继续执行直到遇到断点或者异常；
- 暂停：立即暂停当前程序的执行；
- 停止：停止调试。

上面方框中有 6 个按钮，它们分别是：

- 单步步过（Step Over）：执行下一行，有函数调用等也不会进入；
- 单步步入（Step Into）：执行下一行，有函数调用会进入，但是有些函数会自动过滤，这取决于相关设置；
- 单步步入自己代码（Step Into My Code）：执行下一行，如果是标准库或者第三方库不会进入，但是如果是自己的函数则会进入；
- 强制单步步入（Force Step Into）：执行下一行，但是会步入任何函数；
- 步出（Step Out）：执行到当前函数返回后的下一句暂停；
- 运行到光标（Run to Cursor）：运行到当前光标所在的行。

接下来我们会使用 Step Into My Code 来单步调试，比如这里下一步就会进入 my_range 中，因为我们在 for 循环中的确调用了它，如图 13-5 所示。

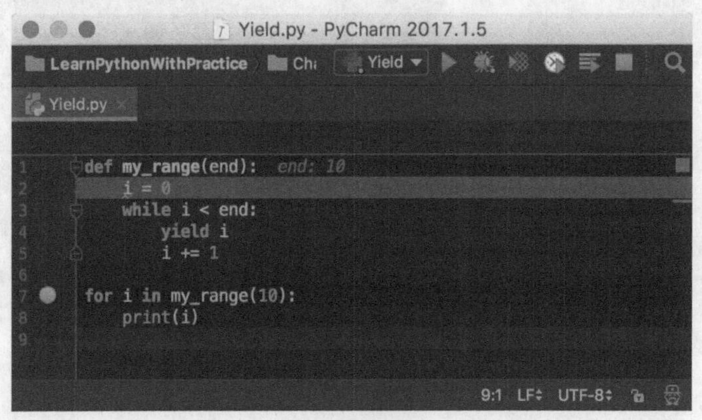

图 13-5 单步调试 2

我们继续单步调试就会进入到 while 循环，如图 13-6 所示。

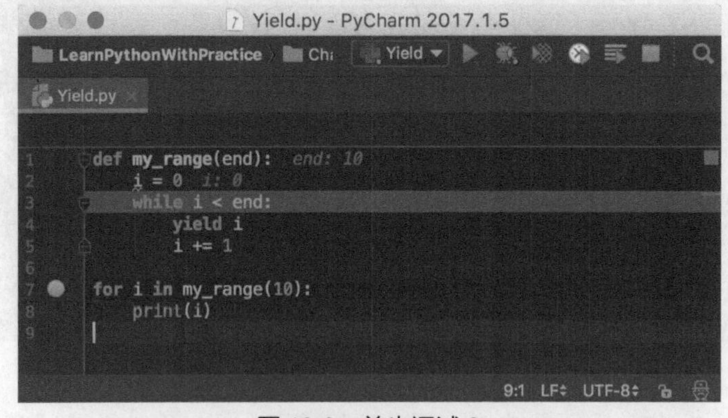

图 13-6 单步调试 3

我们继续单步调试就到了 yield，如图 13-7 所示。

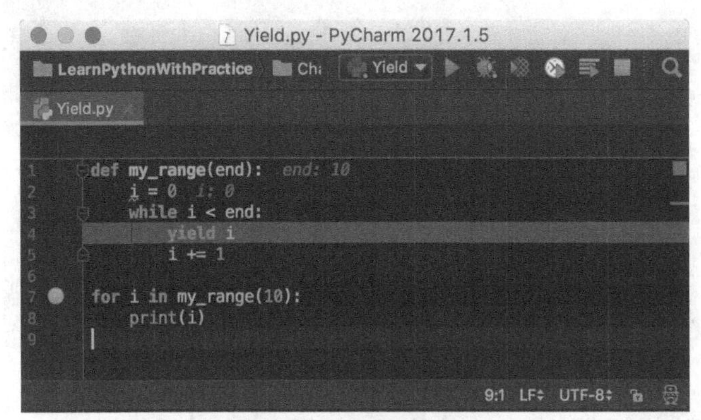

图 13-7 单步调试 4

接着单步调试就是第一次返回了，然后我们就执行到了 for 循环的内部，这时候 i 为 0，如图 13-8 所示。

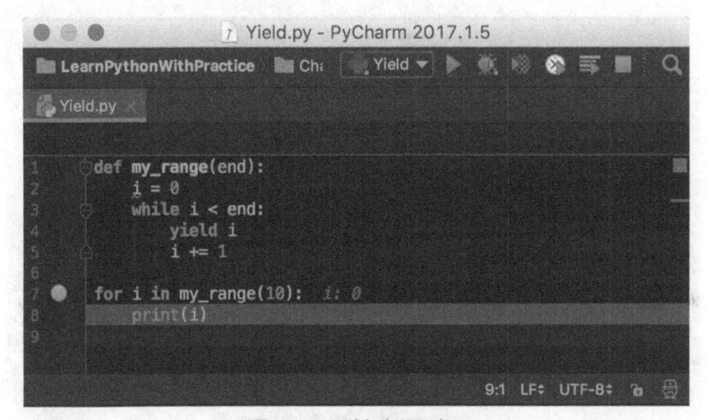

图 13-8 单步调试 5

这里继续单步调试我们就又回到了 for 循环，也就是说又要调用 my_range，如图 13-9 所示。

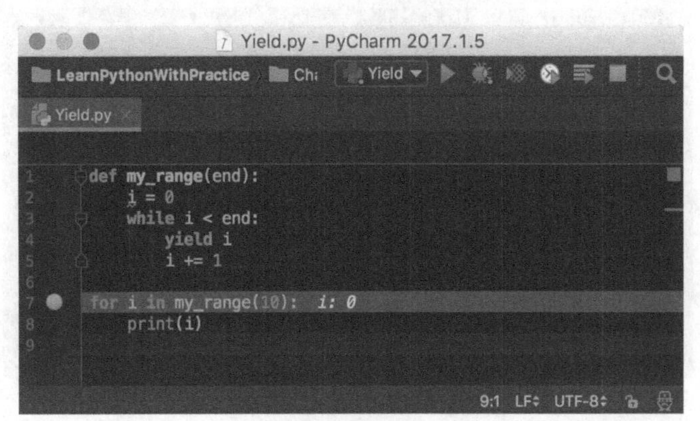

图 13-9 单步调试 6

这里再单步调试就回到 my_range 了，如图 13-10 所示。

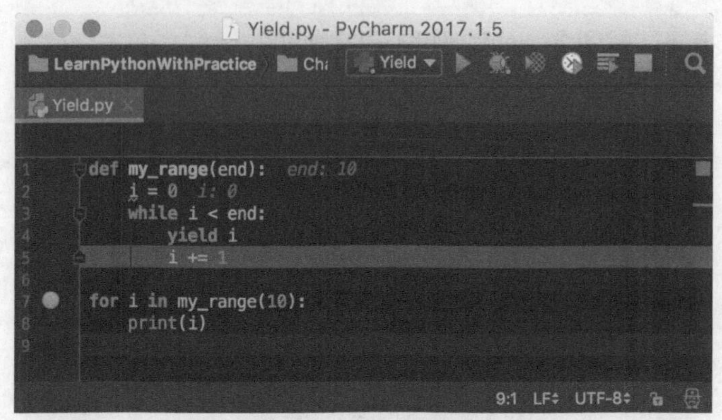

图 13-10　单步调试 7

和以往的函数调用不同，我们直接从上次返回 i 后的代码继续执行了，而且 i 的值还是 0 没有发生变化，如果继续单步调试就会发现这时候会进入到下次 while 循环中，如图 13-11 所示。

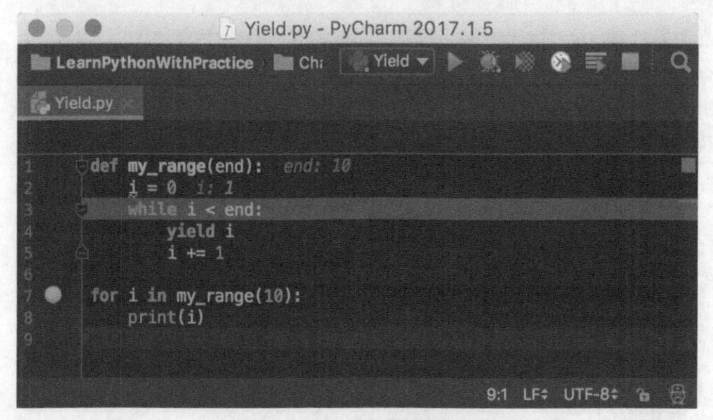

图 13-11　单步调试 8

然后再单步调试就会到第 2 次 yield 返回 i 的语句，如图 13-12 所示。

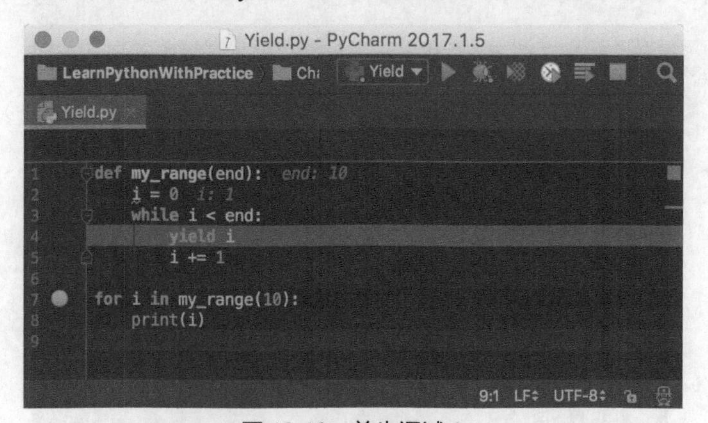

图 13-12　单步调试 9

然后我们就又进入了 for 的循环体，这时候注意 i 已经变成了刚才 yield 返回的 1，如图 13-13 所示。

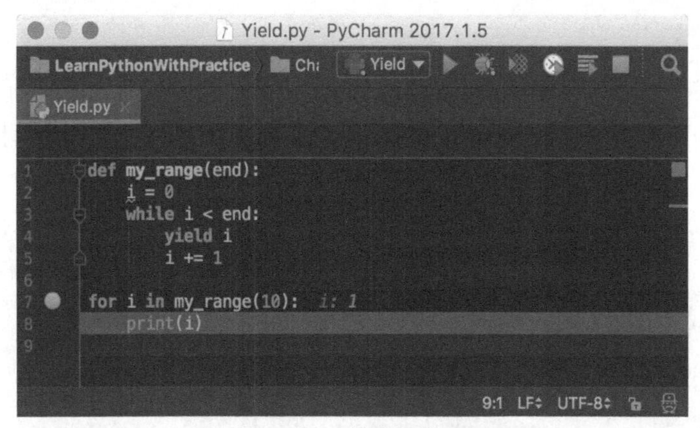

图 13-13 单步调试 10

这里在 while 循环中完成了迭代的过程，所以每次 yield 返回的值不同，这也是为什么说生成器是可迭代对象的一种。

但是这里要强调的一点是，对于 range 这些内置函数的实现一般是使用更加底层、高效的语言完成的，也就是说我们实现的 my_range 虽然效果上和内置的 range 一致，但是效率上会差一些。

13.3 迭代器

13.3.1 可迭代对象

在接触迭代器之前，首先需要知道的一个概念是可迭代对象。在面向对象中我们曾经提到，对于实现了__str__的类，我们可以得到一个表示相应实例的字符串，而实际上可迭代对象就是指实现了__iter__方法的类的实例，通过__iter__方法我们可以用 iter 函数获得相应对象的迭代器。

当然，之前我们讲过的 Tuple、List、Dict 都是实现了这个方法的，所以在我可以用 for 循环遍历它们：

```
list1 = [1, 2, 3, 4]    # list1 是一个可迭代对象

for i in list1          # 在这里隐式调用了 list1.__iter__()

  print(i)
```

由于 list1 本身是一个可迭代对象，因此在进入 for 循环前它的__iter__会被隐式调用来获得一个迭代器。所以如果 for 循环后面的对象不可迭代就会报异常，比如：

```
a = 1

for i in a:  # a 是一个 int，不可遍历

  print(i)
```

这里执行到 for 循环的时候会提示："TypeError: 'int' object is not iterable"，因为 int 没有实现__iter__方法，for 循环没法得到它的迭代器。

可以看出，迭代器是 for 循环的关键，接下来我们详细认识一下迭代器。

13.3.2 迭代器

迭代器其实与可迭代对象的定义类似，是指实现了__next__方法的类的实例。

__next__的作用与之前生成器的 yield 非常类似，就是在每次被调用的时候返回迭代后的新值，因此对于上面的循环实际执行的代码可以进一步展开为：

```
list1 = [1, 2, 3, 4]

iter1 = iter(list1)      # 得到迭代器

print(next(iter1))       # next 用来对迭代器进行一次迭代
print(next(iter1))       # 这里等价于 print(iter1.__next__())
print(next(iter1))       # 用 __next__ 来取下一个值
print(next(iter1))       # 迭代结束
```

这段代码会输出：

```
1
2
3
4
```

这跟直接遍历是完全一致的，但是有人可能有一个问题，for 循环怎么就知道正好调用 4 次__next__呢？其实是因为如果我们再调用__next__的话，就会因为遍历到末尾而发生异常：

```
Traceback (most recent call last):
  File "/Users/jiangjiao/PycharmProjects/LearnPythonWithPractice/Chapter 16/
Iterator.py", line 11, in <module>
    print(next(iter1))
StopIteration
```

而 for 循环遇到这个异常后就会停止迭代，这就是 for 循环的原理。

另外值得一提的是，之前讲过的生成器也可以这么使用：

```
g = my_range(5)      # g 是生成器
it = iter(g)         # g 本身是可迭代对象
print(next(g))       # 和正常的迭代器用法相同
```

可以看出生成器其实就是一种迭代器。

13.4 生成器推导式

我们之前在讲 List 的时候曾经讲过列表推导式，实际上还有一种推导式是生成器推导式，它的语法与列表推导式很相近，只是把中括号变成了小括号：

```
gen = (x * x for x in range(5) if x % 2 == 0)
print(type(gen))
for i in gen:
    print(i)
```

这段代码会输出：

```
<class 'generator'>
0
4
16
```

可以看出这里第一行推导式返回了一个生成器，然后我们就可以像往常一样用 for 循环去迭代它。

小结

yield 可以改变函数的执行流程来得到一个生成器，同时生成器也是迭代器的一种，因此生成器也是可迭代对象，而迭代器的定义是实现__next__了的对象，可迭代对象是实现了__iter__并且返回一个迭代器的对象。在实际的编码过程中，我们其实没必要对概念严格区分，但应该理解 for 循环的本质和 yield 的使用方法。

下一章我们会在之前函数的基础上讲一种全新的编程方式——函数式编程。

习题

1．写一个斐波那契数列的无限生成器。

2．用生成器推导式写一个可以输出某一年每个月天数的生成器。

3．利用牛顿法实现一个迭代器用来计算 $y=x^2-1$ $(x>0)$ 的根，误差要求控制在 0.001 以内。

第14章 函数式编程

14 扫码看视频

我们之前提到过面相过程和面向对象两大编程思想，实际上在编程领域还有一种编程思想是函数式编程。在函数式编程中，函数的含义更加接近数学中的函数，一旦输入确定，输出一定是确定的，不会影响外部环境也不会受外部环境影响，而且更关键的是在函数式编程中函数不仅可以用来调用，函数本身也可以作为一个参数被传递。

函数式编程是一种抽象程度相当高的编程范式，Python 只对其提供有限的支持，本章只会讲解一些有关函数式编程的函数和概念，至于如何用函数式编程写程序还需要读者多写多领悟。

14.1 匿名函数

匿名函数正如字面意思，就是没有名字的函数。它的写法是这样的：

```
func = lambda x: x ** 2
print(func(2))
```

其中等号右边就是一个匿名函数，它以关键字 lambda 开头，然后冒号的左边是参数，右边的是函数体。

这段代码会输出：

```
4
```

实际上上面这段代码就等价于：

```
def func(x):
   return x ** 2
print(func(2))
```

要注意的是，在 Python 中匿名函数的函数体只能有一句，因为过长的函数体却没有函数名的话会大大降低可读性。

14.2 高阶函数

高阶函数是函数式编程中一个重要概念，它是指接受或者输出一个或多个函数的函数。在 Python 中有 3 个重要的高阶函数，它们分别是 map、filter 和 reduce。

14.2.1 map

map 函数接收一个函数对象和多个可迭代对象，然后它会把传入的函数依次作用到后者上，最后返回一个迭代器，比如：

```
list1 = [1, 2, 3, 4]
iter1 = map(lambda x: x ** 2, list1)
print(list(iter1))  # list() 可以自动迭代可迭代对象创建一个 List
```

这段代码会输出：

```
[1, 4, 9, 16]
```

当然这段代码也可以写成这样：

```
lsit1 = [1, 2, 3, 4]
list2 = []
for i in list1:
   list2.append(i ** 2)
print(list2)
```

二者从效果来说是完全等价的，但是相比而言第一种用 map 的写法更加直观地表达出了“把后面这个 list 中所有元素平方”的意思，也就是说更加接近数学中的函数的效果，而不是第 2 种写法那样计算机命令式执行。

从某种意义上来说，第 1 种写法我们是从人的思维出发，而第 2 种写法是从计算机的执行出发。

除了匿名函数，只要是函数就可以传入：

```
list1 = [1, 2, 3, 4]
iter1 = map(str, list1)          # str 是把对象转为字符串的内建函数
print(list(iter1))
```

这段代码会输出：

```
['1', '2', '3', '4']
```

可以看到每个元素都被转为了字符串。

map 可以输入多个可迭代对象，相应的输入的函数参数也应该和对象个数相等：

```
list1 = [1, 2, 3, 4]
list2 = [4, 3, 2, 1]
list3 = [1, 1, 2, 2]
list4 = [1, 2]
print(list(map(lambda x, y, z: x * y * z, list1, list2, list3)))
print(list(map(lambda x, y, z: x * y * z, list1, list2, list4)))
                                    # 注意 list4 长度只有 2
```

这段代码会输出：

```
[4, 6, 12, 8]
[4, 12]
```

可以看出当有多个对象的时候，map 实际上就是同步迭代，然后把参数传入函数中，所以一旦有任何一个可迭代对象停止迭代，map 就会立即返回。

14.2.2 filter

filter 函数接收一个函数对象和多个可迭代对象，然后把传入的函数依次作用到后者上，但是只有函数返回为真的才会保留，比如我们用 filter 筛出大于 5 的元素：

```
list1 = [5, 8, 13, 2, 6]
print(list(filter(lambda x: x > 5, list1)))
```

这段代码会输出：

```
[8, 13, 6]
```

相比 map 全部保留，filter 只会留下符合要求的部分。

14.2.3 reduce

reduce 跟 map 和 filter 稍微有点区别，它接收两个或者三个参数，第 1 个参数为一个函数，但是这个函数应该接受两个参数调用；第 2 个参数为一个可迭代对象；第 3 个为初值。

如果把传入的函数写作 f，迭代对象的元素记为 x_1，x_2，x_3，x_4，初值为 x_0 那么 reduce 实际上就相当于：$f(f(f(f(x_0,x_1),x_2),x_3),x_4)$。比如我们可以这样计算阶乘：

```
from functools import reduce  # reduce 不是内建函数，需要导入
print(reduce(lambda x, y: x * y, range(2, 6), 1))
```

这段代码会输出：

```
120
```

这段代码的一个等价版本可能是：

```
def my_reduce(function, iterable, initializer):
   ans = initializer
   for it in iterable:
     ans = funciton(ans, it);
   return ans


print(my_reduce(lambda x, y: x * y, range(2, 6), 1))
```

也就是说，reduce 作用于可迭代对象相邻的每两个元素上，最后得到结果。

14.3 闭包

闭包是编程领域中比较抽象的一个概念，我们先看一个例子：

```
def outer(str1: str):
   def inner(str2: str):
      return str1 + str2
   return inner
func1 = outer('We want ')
func2 = outer("We don't want ")
print(func1('meat!'))
print(func2('vegetables!'))
```

在这里 outer 是一个高阶函数，因为它返回了一个新函数 inner。

这段代码会输出：

```
We want meat!
We don't want vegetables!
```

可以看到我们两次调用 outer 传入的参数不同，因此 inner 内部的 str1 在两次调用的时候也是不同的，这是因为 outer 在返回 inner 的时候实际上就为 inner 构造了一个闭包，这个闭包中包含函数的逻辑和当前环境中的变量。

但是我们要注意的是，函数声明的时候并不会立即执行也不会检查变量是否存在，比如下面这段代码：

```
def fun():
    print(invalid_variable)  # 当前环境中不存在 invalid_variable
```

是可以正常执行的，但是如果尝试调用 fun()：

```
fun()
```

这时候才会报错：NameError: name 'invalid_variable' is not defined。

所以对于下面这段代码：

```
def outer():
    funs = []
    for i in range(3):
        def inner():
            print(i)
        funs.append(inner)
    return funs
for f in outer():
    f()
```

输出并不是想当然的 0，1，2，而是：

```
2
2
2
```

这是因为在定义 inner 的时候，i 的值并没有绑定到闭包中，只有当 inner 真正被执行的时候 Python 才会去寻找 i 的值是什么，而在上面代码中当 inner 被调用的时候循环已经结束，所以 i 都是 2。

那如果我们希望这里的输出符合我们的直觉应该怎么办呢？思路很简单，就是要把 print 中的 i 绑定到循环变量上，因此我们可以这么写：

```
def outer():
    funs = []
    for i in range(3):
        def inner(j):
            return lambda : print(j)
        funs.append(inner(i))
    return funs

for f in outer():
    f()
```

这里我们相当于又套了一层闭包，最内层的匿名函数才是我们最终要执行的代码，我们在循环的时候用局部变量 i 为参数调用了 inner，这时候在 inner 内部就把参数 j 绑定给了匿名函数中的 j，这样匿名函数在执行的时候找到的就是 inner 的参数 j 而不是最外层的 i，所以这段代码的输出是：

```
0
1
2
```

在理解和使用闭包的时候一定不要忘记之前第 8 章讲过的 LEGB 原则，因为作用域是理解变量引用的关键。

14.4 装饰器

装饰器是 Python 中一个重要的工具，它实际上是一种面向切面的开发方式，就是在当前代码完全不做任何改动的基础上增加新功能，像树木年轮一个一个的切面一样。

这听起来太抽象了，我们从一个例子入手。假如我们的一个项目中有这样一个函数：

```
def func1():
    # 某些代码
    print('do something')
```

有一天，我们需要为其中一批函数包括 func1 添加记录调用时间的功能，最简单的思路就是直接修改所有需要添加功能的函数，比如：

```
import time
def func1():
    # 开始时间
    time_start = time.time()
    # 原来的代码
    print('do something')
    # 结束时间
    time_elapsed = time.time() - time.start
    # 记录时间
    print(f'执行时间: {time_elapsed}')
```

可以看出我们为了添加这个功能，需要在函数的首尾记录两次时间最后输出。但是万一中间的代码会提前 return 呢？当然有人会说只要在每个 return 之前都加上记录结束时间输出的代码就行了，但是那样的话，工作量就会随着要改动的函数和其中 return 的数量线性增长，而且随着代码越加越多，函数只会越来越臃肿，最后导致可读性和可维护性都大大降低。

所以这个时候就需要装饰器了，它可以有效解决这个问题，比如：

```
import time

def log_time(func):  # 装饰器
    def wrapper(*args, **kwargs):
```

```
        time_start = time.time()
        func(*args, **kwargs)     # 调用了原函数
        time_elapsed = time.time() - time_start
        print(f'执行时间: {time_elapsed}')
    return wrapper                # 注意返回的是一个函数


def func1():
    # 原有代码
    print('do something')


func1 = log_time(func1)         # 这里 func1 是新函数


func1()
```

这段代码会输出：

```
do something
执行时间: 4.7206878662109375e-05
```

这里就达到了之前提到的效果：原有代码不需要做任何改变就可以添加新的功能。

这里我们详细分析一下装饰器 log_time 的构成。

- 第 3 行，def log_time(func)：定义了一个高级函数，它接收一个函数为参数。
- 第 4 行，def wrapper(*args, **kwargs)：定义了装饰器要返回的新函数，它可以接受所有类型的参数，所以可以兼容已有代码中对原函数的调用。
- 第 5~8 行：新函数的内容，注意这里调用了原函数。
- 第 9 行：返回新函数

不难发现，装饰器其实跟我们之前讲过的闭包没有什么区别。

但是有时候我们希望新的功能也可以接收一些参数，比如这里我们希望不同函数打印的文本是不一样的，我们就可以这么写：

```
import time


def log_time2(func, custom_text):
    def wrapper(*args, **kwargs):
        time_start = time.time()
        func(*args, **kwargs)
        time_elapsed = time.time() - time_start
        print(f'{custom_text}: {time_elapsed}')
    return wrapper


def func1():
    # 原有代码
    print('do something')
```

```
func1 = log_time2(func1, 'func1 执行时间')

func1()
```

这段代码会输出：

```
do something
func1 执行时间: 8.821487426757812e-06
```

不过即使这样，我们还是得找个地方写 func1 = log_time(func1) 这样一条不算优雅的语句，如果函数不止一个那么还要每个都写一遍，那有没有更好的办法呢？

这里就可以用到 Python 中装饰器的一个语法糖“@”，它的作用就相当于 func1 = log_time(func1) 这条语句，比如对于之前无参数的装饰器：

```
@log_time  # 就是 func1 = log_time(func1)
def func1():
    # 原有代码
    print('do something')
```

但是如果装饰器有额外的参数的话，为了使用这个语法糖，装饰器内部还需要再封装一下，比如：

```
def log_time3(custom_text):
    def deco(func):
        def wrapper(*args, **kwargs):
            time_start = time.time()
            func(*args, **kwargs)
            time_elapsed = time.time() - time_start
            print(f'{custom_text}: {time_elapsed}')
        return wrapper
    return deco

@log_time3('Time')  # 就是 fun1 = log_time3('Time')(func1)
def func1():
    # 原有代码
    print('do something')

func1()
```

这里 @ 语法糖省略的过程是：首先 log_time3 传入一个字符串返回了 deco，然后 func1 被传入 deco 得到了被装饰的函数。

另外装饰器也是可以叠加的，比如：

```
def deco1(func):
    print('deco1 entered')
```

```
    def wrapper(*args, **kwargs):
        print('deco1 -> wrapper entered')
        func(*args, **kwargs)
        print('deco1 -> wrapper exited')

    print('deco1 exited')
    return wrapper
def deco2(func):
    print('deco2 entered')

    def wrapper(*args, **kwargs):
        print('deco2 -> wrapper entered')
        func(*args, **kwargs)
        print('deco2 -> wrapper exited')

    print('deco2 exited')
    return wrapper
@deco1
@deco2
def test_deco():
    print('do something')
print('now testing calling sequence:')
test_deco()
```

这段代码会输出：

```
deco2 entered
deco2 exited
deco1 entered
deco1 exited
now testing calling sequence:
deco1 -> wrapper entered
deco2 -> wrapper entered
do something
deco2 -> wrapper exited
deco1 -> wrapper exited
```

对比输出我们可以看到多个装饰共同作用的时候的规律。

- 装饰的时候内先内层后外层，比如这里先用 deco2 装饰后用 deco1 装饰。
- 调用的时候先外层后内层，这是上一条装饰顺序决定的。

小结

在函数式编程中，函数是“一等公民”，也就是说一切思考都应该围绕着函数展开，所以我们可以看到 map、filter、reduce 这些典型的高阶函数核心都是在传入的函数上。而闭包是一个重要的编程概念，一定要结合作用域好好理解它，然后建立在闭包基础上的装饰器其实是一种面向切面的开发思想，它能在原有代码不改动的基础上增强其功能，善于使用的话往往可以大大简化重复代码。

下一章我们会介绍 Python 如何进行文件操作以及和文件系统进行交互。

习题

1．使用一行代码实现从给定 List 中分离偶数（使用 filter）。

2．使用 map 和 reduce 实现将整数和字符串转换的函数（不用 int 和 str）。

3．使用 lambda 表达式构造闭包，输入多项式系数，构造一个计算多项式结果的闭包函数。

4．使用这一章的知识和 range 生成器，计算 100 以内的质数。

5．写一个装饰器，效果是将所有使用这个装饰器的函数名加到一个 List 中。

6．写一个装饰器，效果是输出函数所有参数的内容和返回值的内容。

7．如果我们对上面闭包的函数稍加改变为下面这样：

```
def outer():
    funs = []
    for i in range(3):
        def inner(i):                       # 参数改成 i
            return lambda : print(i)        # 参数改成 i
        funs.append(inner(i))
    return funs
for f in outer():
    f()
```

输出是什么？你能解释为什么会有这样的输出吗？

第15章 文件读写

15 扫码看视频

很多时候我们希望程序可以保存一些数据，比如日志、计算的结果等。比如用 Python 来处理实验数据，如果能把各种结果保存到一个文件中，即使关闭了终端或者 IDE 下次不用再完全跑一遍也可以直接查看结果，这时候就需要 Python 中有关文件的操作了。

本章会详细讲解 Python 中文件操作和文件系统的相关知识。

15.1 打开文件

用 Python 打开一个文件需要用到内建的 open 函数。这个函数的原型是：

```
open(file, mode='r', buffering=-1, encoding=None, errors=None, newline=None, closefd=True, opener=None)
```

其中 file、mode、encoding 这 3 个参数比较重要。

15.1.1 file

file 参数就是文件名，文件名可以是相对路径，也可以是绝对路径，总之可以定位到这个文件就行。

绝对路径非常好理解，比如一个文件的完整路径是 `C:\Users\user1\file.txt`，那么它的绝对路径就是 `C:\Users\user1\file.txt`。

这就好比在二维坐标系上，一旦 x 和 y 值确定了，那么这个点的位置就确定了。

而要介绍相对路径需要引入工作路径的概念。事实上任何一个程序在运行的时候都会有一个工作路径，所有的相对路径都是相对这个工作路径而言的，在 Python 中我们可以通过这样查看当前工作路径：

```
import os
print(os.getcwd())
```

这段代码一个可能的输出是：

```
/Users/jiangjiao/PycharmProjects/LearnPythonWithPractice/Chapter 12
```

不难发现，这个路径就是文件所在的文件夹。但是要注意的是，工作路径不一定总是这样，如图 15-1 所示。

要注意的是有蓝色条开头的是用户输入，没有蓝色条开头的是我们程序的输出，这里我们解释一下上面的终端中发生了什么。

- 第 1 行：cd 命令用于切换工作路径，这里是切换到了 Path.py 所在的目录，注意这时候工作路径就是 Path.py 所在的目录。

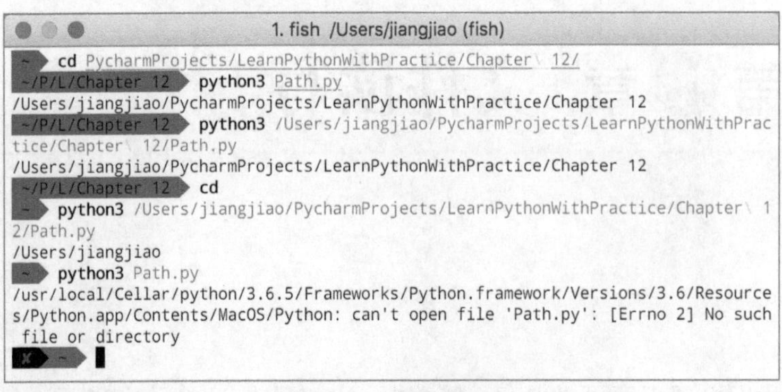

图 15-1　相对路径

- 第 2 行：使用 Python 解释器启动了工作路径下的 Path.py，注意这里使用的就是相对路径。
- 第 3 行：Path.py 输出了工作路径为当前目录。
- 第 4 行：使用 Python 解释器启动了 Path.py，但是这次使用了绝对路径。
- 第 5 行：将工作路径转到了当前用户根目录下，这是 mac osx 或者 linux 在 cd 没有参数时候的默认操作。在 Windows 下可以使用 cd /来切换到当前驱动器的根目录。
- 第 6 行：再次执行 Path.py，但是这里使用了绝对路径，可以看到工作路径并不是文件所在路径了，而是当前终端的工作路径。
- 第 7 行：如果这时候使用相对路径访问 Path.py，会提示 No such file or directory，意味着用相对路径找不到这个文件或目录。

从这个例子中我们可以看到相对路径和绝对路径的关系，那就是“绝对路径 = 工作路径 + 相对路径”。比如我们的工作路径是 C:\Users\user1，这时候我们用相对路径 file.txt 去定位文件，实际上是跟绝对路径 C:\Users\user1\file.txt 是等价的，也就是说相对路径是相对工作路径而言的。

特殊地，我们可以用“.”表示当前目录及用“..”表示父目录，比如在工作路径 C:\Users\user1 下用 . 就表示 C:\Users\user1，而用 .. 就表示 C:\User。

如果还用之前二维坐标系的例子来描述的话，相对路径就好比是一个点相对另一个点的偏移Δx和Δy，一旦相对的点和偏移确定了，这个点就确定了。

15.1.2　mode

mode 参数表示我们打开这个文件的时候采取的行为，一共有如表 15-1 所示的几种模式。

表 15-1　模式

模　式	解　释
'r'	r 表示读，即以只读方式打开文件。这是默认模式，所以如果用只读方式打开文件，这个参数可以省略
'w'	w 表示写，新建一个文件只用于写入。如文件已存在则会覆盖旧文件
'x'	x 表示创建新文件，如果文件已存在则报错

续表

模　式	解　释
'a'	a 表示追加，打开一个文件用于追加，后续的写入会从文件的结尾开始。如果该文件不存在，则创建新文件
'b'	二进制读写模式
't'	文本模式
'+'	以更新的方式打开一个文件

这些开关可以自由组合，但是需要注意的是前 4 种至少要选择一个，同时默认情况下是文本模式读写，如果需要二进制读写必须单独指明。

表 15-2 给出了一些常用的模式组合。

表 15-2　常用模式组合

模　式	解　释
rb	b 表示二进制读写模式，配合 r 的意思就是二进制只读方式打开
r+	+ 表示更新，打开一个文件用于更新。文件指针将会放在文件的开头。如文件不存在则报错。r+ 会覆盖写原来的文件，覆盖位置取决于文件指针的位置
rb+	相比 r+ 不同之处在于是二进制读写
wb	二进制写入
w+	新建一个文件用于写入，如果文件已经存在则会清空文件内容
wb+	相比 w+ 不同之处在于是二进制写入
ab	相比 a 不同之处在于是二进制追加
a+	相比 a 不同之处是可以读写
ab+	相比 a+ 不同之处是二进制读写

这里出现了一个新名词：文件指针，实际上我们只要把它理解为 word 中的光标就好了，它代表了我们下次写入或者读取的起始位置。

15.1.3　encoding

这个单词的意思是编码，在这里指的是文件编码，比如 GB18030、UTF-8 等。有的时候我们打开一个文件是乱码，就可以尝试修改这个参数。一般来说推荐无论读写都使用 UTF-8 来避免乱码问题。

15.2　关闭文件

对文件操作后应该关闭文件，否则我们可能会丢失写入的内容，同时如果是写模式打开一个文件却不关闭，那么这个文件会一直被占用，所以一定要养成关闭文件的好习惯。

文件的关闭非常简单，只需要调用 close 方法即可：

```
file = open('file.txt', 'r')
file.close()  # 别忘记关闭文件
```

15.3 读文件

读文件一般有 4 种方式，即 read、readline、readlines 和迭代。

下面要读取的 file.txt 中的内容为：

```
Hello, this is a test file.
Let's read some lines from The Matrix.
This is your last chance.
After this, there is no turning back.
You take the blue pill—the story ends, you wake up in your bed and believe whatever
you want to believe.
You take the red pill—you stay in Wonderland, and I show you how deep the rabbit
hole goes.
Remember: all I'm offering is the truth.
Nothing more.
```

15.3.1 read

read 方法的原型是：

```
read(size=-1)
```

它用于读取指定数量的字符，默认参数-1 表示读取文件中的全部内容。注意如果直到文件末尾还没有读取够 size 个字符，那么会直接返回，也就是说 size 只表示最多读取的字符数量。

比如我们读取前 10 个字符可以这么写：

```
file = open('file.txt', 'r')
result = file.read(10)
print(result)
file.close()  # 别忘记关闭文件
```

这段代码会输出：

```
Hello, thi
```

15.3.2 readline

readline 的原型是：

```
readline(size=-1)
```

和 read 类似，size 指定了最多读入的字符数量，但是 readline 一次会读入一整行，也就是说遇到换行符\n 会返回一次，比如我们希望读第 1 行可以这么写：

```
file = open('file.txt', 'r')
result = file.readline()
print(result)
file.close()  # 别忘记关闭文件
```

这段代码会输出：

```
Hello, this is a test file.
```

15.3.3 readlines

readlines 的原型是：

```
readlines(hint=-1)
```

它表示一次读取多行，如果没有指定参数则默认读到最后一行，比如如果我们想读取文件中所有行可以这么写：

```
file = open('file.txt', 'r')
result = file.readlines()
print(result)
file.close()  # 别忘记关闭文件
```

这段代码会输出：

```
['Hello, this is a test file.\n', "Let's read some lines from The Matrix.\n", 'This is your last chance.\n', 'After this, there is no turning back.\n', 'You take the blue pill—the story ends, you wake up in your bed and believe whatever you want to believe.\n', 'You take the red pill—you stay in Wonderland, and I show you how deep the rabbit hole goes.\n', "Remember: all I'm offering is the truth.\n", 'Nothing more.']
```

这里我们可以看到返回的 List 中每个元素就代表文件中的一行。

15.3.4 迭代

此外其实文件对象本身也是一个可迭代对象，也就是说我们可以用 for 循环来遍历每一行，比如：

```
file = open('file.txt', 'r')
for line in file:
    print(line, end="") # 文件中每一行本身有一个换行，所以用 end="" 让 print 不换行
file.close()            # 别忘记关闭文件
```

这段代码会输出：

```
Hello, this is a test file.
Let's read some lines from The Matrix.
This is your last chance.
After this, there is no turning back.
You take the blue pill—the story ends, you wake up in your bed and believe whatever you want to believe.
You take the red pill—you stay in Wonderland, and I show you how deep the rabbit hole goes.
Remember: all I'm offering is the truth.
Nothing more.
```

15.4 写文件

15.4.1 write 和 writelines

写文件有两种方法——write 和 writelines，比如：

```
file2 = open('file2.txt', 'w')
file2.write('hello world!\n')
file2.writelines(('this ', 'is ', 'a\n', 'file!'))
file2.close()  # 别忘记关闭文件
```

会得到这样一个文件：

```
hello world!
this is a
file!
```

要注意的是，写入的时候不会像 print 那样自动在最后添加一个换行符，因此如果想换行的话需要自己添加换行符。

15.4.2 flush

另外，如果我们想在不关闭文件的前提下把内容写入到文件中，可以使用 flush，比如：

```
from time import sleep
file2 = open('file3.txt', 'w')
file2.write('hello world!\n')
file2.writelines(('this ', 'is ', 'a\n', 'file!'))
file2.flush()
sleep(60)          # 这时候去查看文件，已经有写入的内容
file2.close()      # 但是文件依旧需要正常关闭
```

这个函数的作用就是把刚才要写入的内容立即写到文件中。

15.5 定位读写

刚才我们在讲模式的时候提到过文件指针的概念，实际上我们还可以像在 Word 里移动光标一样定位或者移动这个指针来为读写做准备。

15.5.1 tell

tell 用来返回光标的位置，或者说是相对文件起始的偏移，比如：

```
file = open('file.txt', 'a')
print(file.tell())
file.close()  # 别忘记关闭文件
```

这段代码会输出：

```
391
```

因为我们使用了 'a' 模式，打开的时候指针在文件的末尾。

15.5.2 seek

seek 的原型是：

```
seek(offset[, whence])
```

offset 表示要设置的偏移量，以字节为单位，正数表示正向偏移，负数表示反向偏移。whence 表示偏移的基准，0 表示相对文件起始，1 表示相对当前文件指针位置，2 表示相对文件结尾。如果导入了 io 模块的话还可以相应地使用 io.SEEK_SET、io.SEEK_CUR 和 io.SEEK_END 表示偏移的基准来提高可读性。

比如我们可以这样使用：

```
import io

file3 = open('file3.txt', 'w+')
file3.write('congratulations, you mastered this skill!')
print(file3.tell())
file3.seek(35)
print(file3.tell())
file3.write('tool!')
file3.close()
```

会输出一个这样的文本文件：

```
congratulations, you mastered this tool!!
```

可以看到我们定位到 skill 这个单词的位置，然后修改了它。

15.6 数据序列化

有时候我们除了希望把变量的值存起来，还希望下次读取的时候可以用这些数据直接恢复当时变量的状态，这时候就需要用到序列化的技术。

15.6.1 Pickle

Pickle 是 Python 内建的序列化工具。它有序列化和反序列化两个过程，对应的就是变量的存储和读取。

我们直接看一个完整的例子：

```
import pickle
import datetime

list1 = ['hello', 1, 'world!']
dict1 = {'key': 'random value'}

time = datetime.datetime.now()

file = open('pickle.pkl', 'wb+')

# 序列化
pickle.dump(list1, file)
```

```
pickle.dump(dict1, file)
pickle.dump(time, file)

file.close()

file = open('pickle.pkl', 'rb+')

# 反序列化
data = pickle.load(file)
print(data)
print(type(data))
data = pickle.load(file)
print(data)
print(type(data))
data = pickle.load(file)
print(data)
print(type(data))

file.close()
```

这段代码会输出：

```
['hello', 1, 'world!']
<class 'list'>
{'key': 'random value'}
<class 'dict'>
2018-02-24 11:50:31.931213
<class 'datetime.datetime'>
```

可以看到这里核心方法是 pickle.dump 和 pickle.load，前者用于把数据序列化到文件中，后者用于把数据从文件中反序列化赋值给变量。

要注意的是由于 pickle 使用的协议是使用二进制来序列化，因此生成的文件用普通的编辑器是不可读的，而且在 dump 方法中传入的文件对象应该是以 'b' 模式打开的。

15.6.2 JSON

JSON 是一种轻量化的数据交换格式，它并不是专门为 Python 服务的，但是由于 JSON 数据格式跟 Python 中的 List、Dict 非常相近，因此 JSON 和 Python 的亲和度相当高，所以也常用 JSON 来序列化数据。而且相比之前的 Pickle，JSON 序列化产生的是文本文件，也就是说依旧是可读可编辑的。

比如我们可以轻松地序列化和反序列化这种嵌套式的变量：

```
import json
```

```
dict1 = {
    'Name': 'Steve Jobs',
    'Birth Year': 1955,
    'Company Owned': [
        'Apple',
        'Pixar',
        'NeXT'
    ]
}

file = open('data.json', 'w+')

# 序列化
json.dump(dict1, file)

file.close()

file = open('data.json', 'r+')

# 反序列化
data = json.load(file)
print(data)
print(type(data))

file.close()
```

这段代码可以输出：

```
{'Name': 'Steve Jobs', 'Birth Year': 1955, 'Company Owned': ['Apple', 'Pixar',
'NeXT']}
<class 'dict'>
```

用任意文本编辑器打开刚刚生成的 JSON 文件，可以看到文件内容是：

```
{"Name": "Steve Jobs", "Birth Year": 1955, "Company Owned": ["Apple", "Pixar",
"NeXT"]}
```

可以看出数据的格式基本与 Python 中的表示方法是一样的。

如果想进一步提高可读性，可以简单修改一下序列化时候的参数：

```
# 把 json.dump(dict1, file) 修改为
json.dump(dict1, file, indent=4)
```

这样序列化的数据就会变成：

```
{
    "Name": "Steve Jobs",
```

```
    "Birth Year": 1955,
    "Company Owned": [
        "Apple",
        "Pixar",
        "NeXT"
    ]
}
```

但是在 Python 中用 JSON 序列化数据也是有缺陷的，如果我们想序列化一个自己写的类，还需要自己写一个 Encoder 和 Decoder 用于编码和解码对象，相比 Pickle 来说就复杂得多了。

15.7 文件系统操作

对于文件系统，Python 提供了一个专门的库 os，其中封装了许多与操作系统相关的操作，但是其中有的函数只能在特定的平台上使用，比如 chmod 只能在 Linux/OSX 上获得完整的支持，在 Windows 上只能用于设置只读，虽然 Python 是跨平台的，但是毕竟不同平台的特性相差太多，os 中的很多方法都有这样的平台依赖性。

接下来会介绍一些和文件系统相关的方法。

15.7.1 os.listdir(*path='.'*)

这个函数可以列出一个目录下的所有文件，path 是路径，如果不指定则是当前的工作路径，比如：

```
print(os.listdir())
```

会输出：

```
['file2.txt', 'file.txt', 'pickle.pkl', 'file3.txt', 'OS.py', 'data.json',
'File.py', 'Pickle.py', 'Path.py', 'Json.py']
```

15.7.2 os.mkdir(*path*, *mode=0o777*)

这个函数可以创建一个目录，path 是路径，mode 是 Linux/OSX 上的文件权限，在 Windows 中这个参数是不可用的。

15.7.3 os.makedirs(*name, mode=0o777, exist_ok=False*)

os.mkdir 只能创建一个目录，但是 os.makedirs 可以创建包括子目录在内的多个目录。exist_ok 参数决定了如果目录存在会不会报错，如果设置为 False，那就是会报错。

我们看一个例子就能明白 makedirs 的方便之处：

```
os.mkdir('testdir')
os.makedirs('testdir2/testdir')
```

如图 15-2 所示，可以看到创建出了两种目录：

其中我们在创建第 2 个 testdir 的时候不存在父目录 testdir2，而 makedirs 自动为我们创建了这个目录。

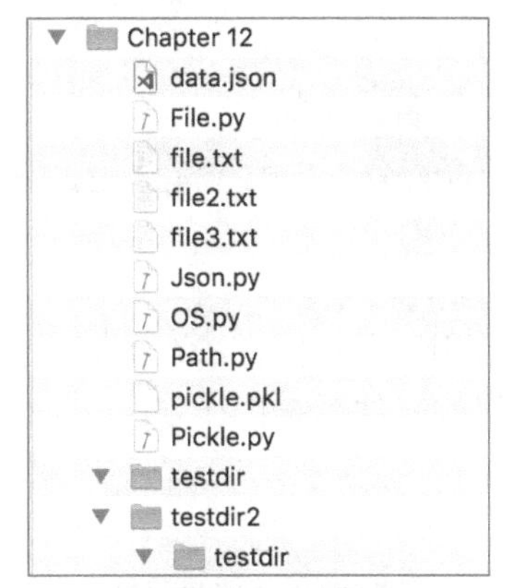

图 15-2 创建目录

15.7.4 os.remove(*path*)

删除指定路径的文件，不能用来删除目录。

15.7.5 os.rmdir(*path*)

删除一个空目录，比如：

```
os.rmdir('testdir')
```

但是如果尝试删除 testdir2 就会报错，因为它非空。

15.7.6 os.removedirs(*name*)

递归删除一个具有子目录的目录。使用这个函数我们就可以删除 testdir2 了，比如：

```
os.removedirs('testdir2')
```

15.7.7 os.rename(*src*, *dst*)

重命名一个文件。src 是源文件，dst 是目标文件，比如：

```
os.rename('data.json', 'data')
```

15.7.8 os.path.exists(*path*)

可以判断一个文件是否存在。比如：

```
os.path.exists('./Path.py')
```

15.7.9 os.path.isfile(*path*)

可以判断一个路径是不是文件，而不是目录或者其他类型。比如：

```
os.path.isfile('./Path.py')
```

15.7.10 os.path.join(*path*, *paths*)

这是一个很常用的计算路径的函数，它的作用是将一串 path 按照正确的方式起来，比如：

```
print(os.path.join('home', 'dir1', 'dir2/dir3', 'something.txt'))
```

这句代码会输出：

```
home/dir1/dir2/dir3/something.txt
```

15.7.11 os.path.split(*path*)

这个函数用于分离目录和文件名，比如：

```
print(os.path.split('home/dir1/dir2/dir3/something.txt'))
```

这句代码会输出：

```
('home/dir1/dir2/dir3', 'something.txt')
```

至于os模块中其他方法的使用以及不同方法在不同平台上的限制都可以通过查阅文档获知，这里只列出了一些最常用的文件系统操作方法。

小结

Python 中与文件的交互是非常简单的，读取文件可以按字节读取也可以按行读取，而写文件的时候可以按字符串写入也可以按行写入，同时 Python 也支持传统的文件指针移动。

到目前为止我们见过了很多报错，比如 NameError、ValueError 等等，其实这些异常也都是对象，而且可以被我们捕捉，下一章我们会接触到 Python 中的异常处理。

习题

1. 通过文件操作，写一个记录用户输入的小程序。
2. 写一个给图片按照日期批量重命名的小程序。
3. 写一个文本文件搜索工具，可以在一个文本文件中搜索指定字符串。
4. 通过 Pickle 和 JSON 来序列化学生的信息，学生的信息应该至少包括姓名、学号、班级、年龄、性别。

第16章 异常处理

16 扫码看视频

程序只要还是由人来编写，那么意外就永远无法完全避免，但是有些问题是我们在编码的时候就可以预测到的，比如一个网络相关的程序要连接服务器，但是因为各种因素可能会连接失败——这是个很常见的错误，而我们只需要编写代码让程序在这个时候重新尝试连接就可以了，这样程序还可以继续运行。也就是说，虽然意外无法避免，但是有些可以预测的问题如果我们提前写好处理代码，可以大大提高程序的健壮性。

异常处理是高级语言中非常重要的一个特性，本章会讲解 Python 中的异常处理。

16.1 什么是异常

首先我们应该了解 Bug 和异常的区别。

16.1.1 错误（Bug）

Bug 一般是指程序逻辑上的缺陷和漏洞，它一般很少会跟具体的系统和硬件联系起来。比如计算前 0~100 整数的和：

```
sum = 0
for i in range(100):
   sum += i
print(i)
```

这里可能由于疏忽，忘记了 range 是左闭右开，所以求的和中少了一个 100，这就是一个典型的 Bug。

对于 Bug 来说，它们大多时候不会使程序直接停止运行，但是往往会导致不正确的结果，因此 Bug 应该在编写代码的时候就避免出现。

16.1.2 异常（Exception）

异常一般是程序运行中可以预测到的问题，并且在编码的时候就进行相关的处理，比如我们写了一个用于计算倒数的程序：

```
num1 = 1
num2 = int(input())  # int() 把输入转为数字
print(num1 / num2)
```

这里 num2 完全由用户输入，当然我们希望用户能输入一个非 0 的数字，但是用户也可能输入即包含数字又包含字母的字符串，也有可能直接输入 0。

比如如果用户输入了 0，这段程序就会报一个异常：

```
Traceback (most recent call last):
  File "/Users/jiangjiao/PycharmProjects/LearnPythonWithPractice/Chapter 13/
Exception.py", line 3, in <module>
    print(num1 / num2)
ZeroDivisionError: division by zero
```

这里就报了 Python 中内置的一个异常：ZeroDivisionError，也就是“除 0 异常”。发生了这个异常后，Python 不知道怎么应对，所以只能选择直接结束掉整个程序。

实际上我们一开始就可以预测到五花八门的用户输入，而不同的输入会引发不同的异常，比如不是纯数字那么转为 int 的时候就会引发一个 ValueError，如果转为数字后是 0，那么在做除法的时候就会引发 ZeroDivisionError，于是我们就可以对不同的异常进行不同的处理，进而提高程序的健壮性，这就是异常处理的意义。

16.2 捕获异常

如果接触过其他高级语言，应该很熟悉 try...catch 语句，但是在 Python 中使用的是 try...except 语句，虽然关键词不同，但是道理都是一样的。

回到刚才的代码，我们稍加改动让这个异常一定发生，并且加入捕获异常的代码：

```
try:
    num1 = 100
    num2 = num1 / 0  # 第 3 行
    print('Dead code')
except ZeroDivisionError:
    print('ZeroDivisionError caught!')  # 第 6 行
```

这里有两块代码，第 1 块是从 try: 开始的代码块，表示的是异常捕获区域，第 2 块是从 except ZeroDivisionError: 开始的代码块，表示的是异常处理区域，在捕获区域遇到的任何异常都会由 except 语句尝试捕获处理。

所以这段代码的实际执行逻辑是：在 num1 / 0 触发了 ZeroDivisionError 后正好下面的 except 中有一块代码捕获了这个异常，所以代码从第 3 行直接跳转到了第 6 行的处理部分，而后面的代码都会被跳过。所以这段代码的输出是：

```
ZeroDivisionError caught!
```

其中第 4 行的 print 因为之前发生了异常而且被处理了，所以被跳过了。

理解了这些基础的内容，我们再看一个完整的 try except 语句：

```
try:
    file1 = open('file1.txt', 'w')
    file1.write('some text')
    if file1.tell() > 3:
        file1.seek(-1)
except (ValueError, IndexError) as e:  # 同时捕获多种异常
    print(f'ValueError: {e}')
except FileExistsError as e:
```

```
    print(f'FileExistsError: {e}')
else:
    print('nothing happened!')
finally:
    file1.close()
```

异常也是一个对象，所以我们在捕获异常之后就可以把它赋值给一个变量供后面的代码块使用，这里的语法就是“except 类型 as 异常变量名”，另外如果多个异常有共同的处理方式，那么可以把多个异常类型写在一个 Tuple 里。如果我们不关心异常的具体内容，那么就像前面那样可以直接省略“as e”。

其次这里使用了多个 except 来捕获不同类型的异常进行不同的处理，要注意的是如果一个异常有多个 except 可以捕获，前面的 except 会先捕获，如果没有 except 可以捕获这个异常，那么最终异常还是会被抛出然后程序停止运行。

另外这里也可以使用 else，表示没有任何异常发生的时候要执行的代码。

最后还有以 finally 开头的代码块，这块代码是一定会执行的，无论是否发生异常。当然有人可能会问：这跟写到 try...catch 的后面有什么区别吗？事实上 finally 的代码块甚至是函数返回都无法跳过，比如：

```
def test(_dict: dict):
    try:
        print('do something')
        return _dict.setdefault('a', 1)  # 这里方法调用应该返回 1
    except ValueError:
        pass
    finally:
        print('finally')
        return _dict.setdefault('b', 2)  # 这里方法调用应该返回 2


dict1 = {}
print(test(dict1))
print(dict1)
```

这段代码的输出是：

```
do something
finally
2
{'a': 1, 'b': 2}
```

可以看出 test 函数中并没有发生任何异常，所以打印完 do something 后就应该返回了，但是返回值并不是 1 而是 2，而且 dict 中同时有 'a' 和 'b' 的 key，也就是说函数中的两个 return 语句至少都被执行了，但是从结果来看这里 finally 中的代码不仅被执行了，同时其中的 return 语句也覆盖了 try 代码块中的 return 语句。

如果仅仅是写到 try...except，后面不用 finally 的话，是没有办法覆盖原有返回值的，这就是写到 finally 代码块和直接写到 try...except 后面的区别。

事实上，finally 的这个特性非常适合用来写一些必须执行的善后工作，比如连接数据库、打开文件用于读写后必须关闭，这样的操作就可以用 finally 来完成。

特别地，如果想捕获任何异常：

```
try:
   print('do something')
except Exception as e:
   print('error!')
except ValueError:
   pass
```

或者也可以这么写：

```
try:
   print('do something')
except :
   print('error!')
# except ValueError:
#     pass
```

这两种写法都可以捕获所有异常类型。第 1 种写法是因为 Exception 是所有异常的公共父类，所有异常都可以隐式转为 Exception，所以它可以捕获所有类型的异常，任何写在它后面的 except 都会捕获不到任何异常。在 PyCharm 中也可以看到相应的提示，如图 16-1 所示。

```
try:
    print('do something')
except Exception as e:
Too broad exception clause more... (⌘F1)
```

图 16-1　except Exception

特殊地，第 2 种写法虽然跟第 1 种写法等价，但是 except: 必须写在所有 except 的最后，不然会报语法错误。当然如果仅仅只有一个 except: 的话，PyCharm 也会有相应的提示，如图 16-2 所示。

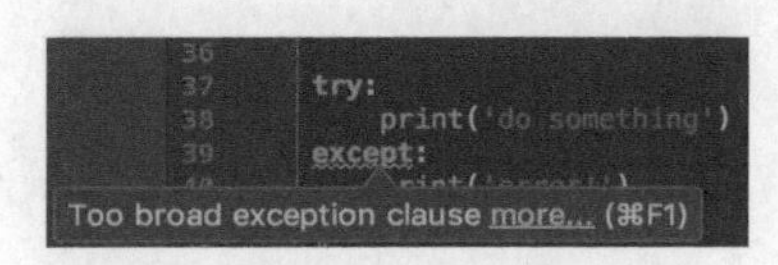

图 16-2　except

有些异常应该拿出来被单独处理，有的异常无法恢复就应该让它抛出来，不同的异常应该有不同的处理方法，这种捕获全部异常的写法应该只出现在所有可预测的异常都处理完后，为了保证系统最大的健壮性而捕获一些难以预期的异常才用到的，所以不应该为了一时方便而只写一个 except Exception: 或者 except:。

16.3 抛出异常

16.3.1 raise

异常可以被处理，还可以被抛出。

举个例子，比如我们希望下面这个函数的参数数量大于等于 2，否则就抛出一个异常：

```
def func1(*args):
    if len(args) < 2:
        raise Exception('too few arguments (<2)')  # 抛出异常
    print(args)

func1(1)
```

在只传入一个参数的情况下，异常会被抛出：

```
Traceback (most recent call last):
  File "/Users/jiangjiao/PycharmProjects/LearnPythonWithPractice/Chapter 14/
Throw Exception.py", line 6, in <module>
    func1(1)
  File "/Users/jiangjiao/PycharmProjects/LearnPythonWithPractice/Chapter 14/
Throw Exception.py", line 3, in func1
    raise Exception('too few arguments (<2)')
Exception: too few arguments (<2)
```

Exception 是所有异常的父类，因为当前代码的这个异常不能被归类到内建的异常类型中，所以只能抛出这个通用的异常。

抛出异常实际上有两部分，前面一部分是 "raise + 异常类"，比如：

```
raise Exception
```

这样也是可以的，但是报错的时候就没有具体信息了，所以我们还可以用具体的异常描述来构造一个异常对象，这样在抛出异常的时候就可以看到相关信息。

16.3.2 调用栈

Traceback 后面紧跟这几行其实就是调用栈，它记录了异常发生的时候函数调用栈。

比如最内部的调用是函数 func1：

```
  File "/Users/jiangjiao/PycharmProjects/LearnPythonWithPractice/Chapter 14/
Throw Exception.py", line 3, in func1
    raise Exception('too few arguments (<2)')
```

可以看到，其中有具体的文件信息、行号、抛出异常的语句。

然后再外层就是我们的主模块了：

```
  File "/Users/jiangjiao/PycharmProjects/LearnPythonWithPractice/Chapter 14/
Throw Exception.py", line 6, in <module>
    func1(1)
```

一般来说，结合调用栈和异常描述信息我们可以快速定位异常的发生位置和原因，进而修复程序中的问题。

16.3.3 内建异常

常见的内建异常种类有以下几种。

- ZeroDivisionError：除零异常，当一个数字除 0 的时候就会出现。

- AssertionError：断言失败，至于断言是什么等会儿就会提到。
- AttributeError：属性异常，一般出现在对象没有某个属性却被引用的时候。
- IndexError：索引异常，当索引超出范围的时候出现。
- NameError：名字异常，一般出现在使用了没有声明的对象的时候。
- RuntimeError：运行时错误。
- SyntaxError：语法错误。
- TypeError：类型错误。
- ValueError：值错误，比如 int() 传入了无效的字符串。
- KeyError：键错误，一般出现在访问了不存在的键值的时候。

内建的异常种类远不止这些，如果需要知道某个函数会抛出什么异常，最好的办法是查文档，比如下面是 Python 中内建函数 open 的文档：

```
open(file, mode='r', buffering=-1, encoding=None, errors=None, newline=None,
closefd=True, opener=None)

Open file and return a corresponding file object. If the file cannot be opened,
an OSError is raised.
```

可以看到明确说明了当文件无法被打开的时候会抛出一个 OSError 异常。

16.3.4 传递异常

如果一个异常在处理的过程中发现无法完全处理，需要后面的 except 来尝试捕获处理，那么我们可以在代码中重新抛出这个异常，比如我们对之前的代码稍加改动：

```
class MyException(Exception):  # 这里实现了一个最简单的自定义异常
    pass


def func1(*args):
    if len(args) < 2:
        raise MyException('too few arguments (<2)')  # 抛出异常
    print(args)

try:
    try:
        func1(1)
    except MyException:
        raise
except Exception:
    print('caught again!')
```

这段代码的输出是：

```
caught again!
```

也就是说在内层的 try...catch 无法处理并且把异常重新抛出的时候，外层的异常处理就捕获了这个异常并且成功处理了它。

有时候我们还想表达出“某个异常引发了另一个异常”的逻辑，那么这里就可以这么写：

```
try:
    func1(1)
except MyException as e:
    raise Exception('another exception') from e
```

注意这里我去掉了最外层的异常捕获，所以再抛出的异常不会被捕获：

```
Traceback (most recent call last):
  File "/Users/jiangjiao/PycharmProjects/LearnPythonWithPractice/Chapter 14/
Throw Exception.py", line 14, in <module>
    func1(1)
  File "/Users/jiangjiao/PycharmProjects/LearnPythonWithPractice/Chapter 14/
Throw Exception.py", line 3, in func1
    raise MyException('too few arguments (<2)')
MyException: too few arguments (<2)

The above exception was the direct cause of the following exception:

Traceback (most recent call last):
  File "/Users/jiangjiao/PycharmProjects/LearnPythonWithPractice/Chapter 14/
Throw Exception.py", line 16, in <module>
    raise Exception('another exception') from e
Exception: another exception
```

从报错提示中就可以看出两个异常之间的逻辑关系为：The above exception was the direct cause of the following exception。

16.4 断言

断言是一种编程语言通用的调试手段，它可以接收一个布尔型的值，如果这个值为真，则什么都不做，如果为假则抛出 AssertionError 异常。比如我们有意传入一个 False：

```
assert 1 > 2
```

这里会报错：

```
Traceback (most recent call last):
  File "/Users/jiangjiao/PycharmProjects/LearnPythonWithPractice/Chapter 14/
Assertion.py", line 1, in <module>
    assert 1 > 2
AssertionError
```

断言可以用于检查某个地方的执行是否符合预期，从而提前发现错误。它不需要写 if，相当于一个快速抛出异常的方法，比如前文中的 func1 可以用 assert 改写：

```
def func1(*args):
```

```
    assert len(args) >= 2, 'too few arguments (<2)'
    print(args)

func1(1)
```

可以达到跟 raise 等价的效果，但是抛出的异常变成了 AssertionError:

```
Traceback (most recent call last):
  File "/Users/jiangjiao/PycharmProjects/LearnPythonWithPractice/Chapter 14/
Assertion.py", line 8, in <module>
    func1(1)
  File "/Users/jiangjiao/PycharmProjects/LearnPythonWithPractice/Chapter 14/
Assertion.py", line 5, in func1
    assert len(args) >= 2, 'too few arguments (<2)'
AssertionError: too few arguments (<2)
```

同时我们可以看到 assert 接收两个参数，第 1 个参数是断言的内容，一般是一个表达式；第 2 个就是断言失败时候的描述。

16.5 实现自定义异常

Python 内建的异常有时候不能满足需求，这时候可以通过实现自己的异常类来扩展异常的种类：

```
class FunctionError(Exception):
    def __init__(self, description, cause=''):
        super().__init__(description)
        self.cause = cause

def func2():
    raise FunctionError('function is not implemented', 'laziness')

try:
    func2()
except FunctionError as e:
    print(e)
    print(e.cause)
```

会输出：

```
function is not implemented
laziness
```

可以看出异常类和其他类没有本质区别，仅仅是要求继承自 Exception 或者它的子类。也就是说，我们可以利用继承关系生成一套我们自己的异常体系，比如我们可以继承 FunctionError 再实现一个异常类：

```
class AnotherFunctionError(FunctionError):
    def __init__(self, *args, **kwargs):
```

```
    super().__init__(*args, **kwargs)
```

另外要注意的是如果抛出的异常是某个尝试要捕获的类的子类，那么也会捕获成功，比如：

```
def func3():
    raise AnotherFunctionError('function is not implemented', 'laziness')


try:
    func3()
except FunctionError as e:
    print(e)
    print(e.cause)
```

虽然这里抛出的是 AnotherFunctionError，但是它是 FunctionError 的子类，所以也会被正常捕获。

16.6 with 关键字

上文讲到了 finally 的用法，但是实际上由于 with 关键字以及上文管理器的存在，finally 的功能可以很大程度地被替代和扩展。

比如上一章强调了很多次要记得关闭文件，但是如果使用 with 语句就可以这么写：

```
with open('file.txt', 'w') as f:
    f.write('something useful')  # 执行到 with 语句块外后就会自动关闭
```

with 是一个特殊的关键字，它的作用与装饰器有点类似，就是在一个代码块执行前后进行一些操作，比如这里就会在执行完写入操作后自动关闭文件。

而为了实现这样的功能，就需要一个上下文管理器。

16.6.1 上下文管理器

上下文是什么？在语文中，有时候一段话需要上下文才能知道它的具体含义，而编程领域中的上下文概念也很类似，它是指当前环境中存在的各种变量、函数等，上下文管理器就是用于控制特定代码块的上下文。

如果要实现一个上下文管理器，我们需要一个实现了上下文管理协议的类。

16.6.2 上下文管理协议

这个协议一共有两个方法需要实现（下文“代码块”指的是上下文管理器要管理的代码）。

- contextmanager.__enter__()：进入代码块前执行的内容，如果 with 后有 as，那么这个方法的返回值会赋给 as 之后的变量。
- contextmanager.__exit__(exc_type, exc_val, exc_tb)：代码块结束的时候要执行的代码，这个方法应该返回一个布尔型变量，用于表明执行时的异常是否被处理。如果返回 True 则表明异常被处理，返回 False 则表明异常需要继续传递。如果在这里抛出异常，这个异常会取代代码块的异常。

16.6.3 一个例子：计时器

之前我们用过装饰器来实现函数的计时功能，这里我们可以用上下文管理器再实现一遍：

```
import time
import random

class MyTimer:
   def __init__(self, timeout=0):
      self.timeout = timeout  # 单位是毫秒

   def __enter__(self):
      print(f"Timer timeout:{self.timeout}")
      self.start = time.time()
      return self

   def __exit__(self, exception_type, exception_value, traceback):
      self.end = time.time()
      self.time_elapsed = (self.end - self.start) * 1000
      if self.time_elapsed > self.timeout > 0:
         print(f'operation timed out: {time_elapsed} ms > {timeout} ms')
      else:
         print(f'operation time: {self.time_elapsed}')
      if exception_type:  # 如果有异常
         print(f'exception occured: {exception_type}')
      return False  # 异常继续向外传递

with MyTimer(1000):
   print(random.random())
```

这段代码会输出：

```
Timer timeout:1000
0.20131901752667225
operation time: 2.5010108947753906
```

在这段代码中，在执行 random 方法之前首先用 1000 构造了一个上下文管理器对象，然后执行了它的__enter__方法，接着才是正常执行 random 方法，执行完后又会进入管理器的__exit__方法。

使用上下文管理器很多时候可以有效简化代码，同时大大提高程序的健壮性，因为我们可以把一些必须进行的操作放在管理器中而不用手动去写重复的代码。

小结

异常除了必须继承自 Exception 以外跟其他类并没有什么本质区别，它也是一个对象，可以被 try…except 语句捕获并且处理，同时我们也可以建立一套我们自己的异常体系，然后在合适的地方抛出异常。在学习了 Python 的异常机制后我们应该学会根据 Python 报错时候的调用栈和异常描述信息快速定位异常抛出位置，这也是调试程序的基本技能之一。最后我们还学习了上下文管理器，这是一种可以让我们程序更加健壮的机制，应该在编写代码的时候善加利用。

下一章我们会介绍 Python 中的封装机制——模块和包。

习题

1．访问 List、Dict 中不存在的下标或键值，并捕获异常。

2．设计一个“未实现异常”，在一个定义了但是没有任何实现（除了 raise）的函数中抛出它。

3．实现一个系列的异常，对应的条件分别为“金额达到上限”“金额不足”，它们都是“金额异常”的子类，把金钱设置为全局变量，设计支付函数和收入函数操作金钱，随机调用这两个函数，然后在相应条件下抛出相应异常。

4．实现一个上下文管理器，针对操作进行记录，通过上下文管理器输出被记录的变量在进入前和后的值。

第 17 章 模块和包

17 扫码看视频

我们在学习面向对象编程的时候知道它有一个重要的特性就是封装，而模块实际上是一种更高层次的封装，比如我们可以把小轿车、自行车、大卡车等类以及相关的函数放在一起形成一个交通工具模块，这样用户在导入这个模块的时候就可以生成各种交用工具的实例。

其实我们在之前第 8 章讲函数的时候就已经接触到了一些标准库的模块，并且学习了如何用 import 语句导入模块或者包，本章会进一步讲解 Python 中模块和包的使用。

17.1 模块

17.1.1 为什么需要模块

正如刚才提到的，面向对象开发中抽象为类的过程已经是一层封装了，那么为什么我们还需要用模块来封装一次呢？原因我认为有 4 点。

首先模块减少了代码重复，因为它可以把重复的逻辑拆分到单独的文件中，比如在一些项目中有一些工具类函数，很多地方都要反复用到，这时候把它们放到一个模块内，当某个文件需要使用的时候只要在头部导入模块就可以了。

其次模块的存在对于大型项目来说是必不可少的，因为可以按照代码的逻辑来进行拆分，比如一个网站连接数据库操作数据可能是一个单独的模块，然后渲染页面又是一个模块，这样管理项目也非常方便。

同时模块化的好处还有方便测试和调试，毕竟只要是人写的代码就有可能出问题，而模块化的代码可以方便地定位有问题的模块，然后单独测试相应模块进而排除问题。

最后模块在 Python 中还有一个特性是可以动态加载卸载。

17.1.2 模块的导入

1. 导入语法

我们之前已经接触了模块的导入方法，就是以下这 3 种。

- import 模块名。
- from 模块名 import xxx。
- from 模块名 import *。

要注意的是模块名和文件名的关系：模块名就是文件名去掉后缀名。另外要强调的一点是第 3 种导入方法是非常不推荐的，因为这样会导入包内所有的函数、变量和类，可能覆盖当前环境或者之前导入包的同名函数、变量或类，也就是说不应该为了一时的方便降低健壮性和可读性。

2. 搜索顺序

不过 Python 的模块除了自定义的模块，还有内建模块和其他第三方模块，那么 Python 在导入模块的时候，是怎样查找模块的呢？模块实际上是从一些指定的路径中依次查找的，在 Python 的解释器存在一个搜索顺序，如下所示。

- 当前文件所在目录。
- 环境变量“PYTHONPATH”下的所有目录。环境变量是命令行预设的参数，程序可以直接读取环境变量来加载各种设置，而“PYTHONPATH”是一系列由特定分隔符分开的路径字符串。
- Python 的默认路径，这个路径和操作系统以及安装路径有关，例如在 macOS 下 Python 3.6 的默认路径是“/usr/local/lib/python3.6/”。

除了这套默认的搜索顺序，我们还可以在脚本内修改，因为具体的搜索路径保存在了 sys 模块的 path 变量里：

```
import sys
print(sys.path)
```

这段代码的输出会因人而异，一种可能的输出是：

```
['/Users/jiangjiao/PycharmProjects/LearnPythonWithPractice/Chapter 15', '/
Users/jiangjiao/PycharmProjects/LearnPythonWithPractice', '/usr/local/Cellar/
python/3.6.5/Frameworks/Python.framework/Versions/3.6/lib/python36.zip',
'/usr/local/Cellar/python/3.6.5/Frameworks/Python.framework/Versions/3.6/lib
/python3.6', '/usr/local/Cellar/python/3.6.5/Frameworks/Python.framework/
Versions/3.6/lib/python3.6/lib-dynload', '/Users/jiangjiao/Library/Python/
3.6/lib/python/site-packages', '/usr/local/lib/python3.6/site-packages',
'/usr/local/Cellar/numpy/1.14.2/libexec/nose/lib/python3.6/site-packages']
```

sys.path 的内容与当前工作目录位置、操作系统种类、Python 版本和包的安装都有关，所以不同情况下的输出会有所区别。

从输出的内容可以看出，sys.path 本身是一个 List，它的先后顺序即搜索的顺序。在 Python 代码中可以对 sys.path 进行修改，来改变查找包的位置。比如：

```
sys.path.append('.')
```

虽然添加当前目录没有任何意义，不过这演示了 sys.path 的一种修改方法。

17.2 编写模块

17.2.1 第一个模块

说了这么多，模块该怎么写呢？是跟类那样需要声明吗？其实模块的编写和正常写代码几乎没有区别，我们这里建立一个 hello.py 文件和一个 main.py 文件，其中我们希望 main.py 是程序的入口点而 hello.py 是一个模块，所以整个项目结构如图 17-1 所示。

图 17-1 项目结构

我们先写 hello.py，它的内容如下：

```
# hello.py
print('hello.py end')


def print_hello():
    print('hello world')


print('hello.py end')
```

注意这里我们模块在开始和最后有两句 print 调用。

接下来 main.py 的内容如下：

```
# main.py
import hello
hello.print_hello()
```

这里我们正常导入了 hello 模块，按照刚才的搜索顺序我们会直接在当前目录下找到 hello.py。

如果执行 main.py，输出是这样的：

```
hello.py end
hello.py end
hello world
```

注意这里 hello.py 中除了 print_hello 以外的两个 print 语句也被执行了，这怎么解释呢？实际上 import 的过程就是把相应模块文件的代码执行一遍而已，也就是说对于这个例子，解释器遇到 import hello 后先去执行了一遍 hello.py，然后才回到 main.py 继续执行后面的代码。

17.2.2 __name__

模块文件实际上也是普通的 Python 源代码文件，只不过被 import 的时候是被当作模块来解析不是直接执行而已。那么问题来了，我们在代码中怎么知道现在的语境是“以模块的形式导入”还是“直接执行”呢？实际上 Python 在执行的时候会有一个全局变量__name__用来确定当前的模块名称。

这里 main.py 内容不变，我们修改 hello.py 的代码为：

```
# hello.py
print('hello.py end')


def print_hello():
    print('hello world')


print('hello.py end')
print(__name__)


if __name__ == '__main__':
    print('this file is executed directly')
```

如果我们直接在 hello.py 上右键执行，可以看到结果是：

```
hello.py end
hello.py end
__main__
this file is executed directly
```

可以看到这里__name__是__main__，意思是执行的主程序。

但是如果我们和刚才一样执行 main.py，却得到这样的结果：

```
hello.py end
hello.py end
hello
hello world
```

也就是说对于一个 Python 源代码文件，当是以模块导入的形式执行它的时候，__name__会被设置为这个模块的名字，而对于主程序，__name__是__main__，通过这一点我们可以防止一个模块被错误地直接执行，比如我们可以进一步修改 hello.py 的代码为：

```
# hello.py
if __name__ == '__main__':
    print("this file shouldn't be excuted directly")
elif __name__ == 'hellp':
    def print_hello():
        print('hello world')
```

这样就可以避免 hello.py 被直接执行。

17.2.3 重载模块

正如之前提到的，导入过程实际上就是解释器去执行一遍模块的代码，但是在某些情况下，比如模块的代码是热修改的，我们希望重新去导入这个模块，就可以使用内置函数 reload 来实现模块重载，不过要注意的是这里传入的是模块的对象，比如：

```
reload(hello)
```

这样就等价于我们重新 import hello。

17.3 包

17.3.1 为什么需要包

还记得我们第 2 章讲过的包吗？实际上 Python 的包就是一堆模块的再次封装，它应该提供最后真正要暴露给外界使用的接口，比如我们使用的标准库就是封装良好的包。

另外打包的一个重要用途是把自己的包发布到 Pypi 上供别人使用，正如我们之前 pip install numpy 那样，但是发布的过程比较复杂而且涉及了不少其他知识，限于篇幅这里不再展开，我们重点学习一下包的结构和如何导入。

17.3.2 第一个包

PyCharm 为我们提供了一键建立包目录的选项，如图 17-2 所示。

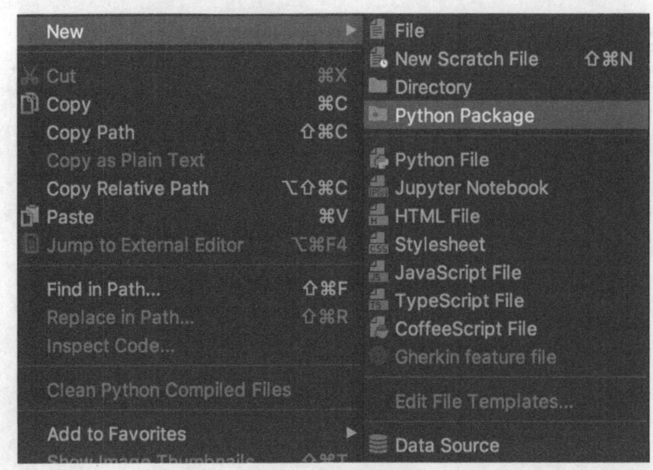

图 17-2　创建包

使用这个选项创建包会自动创建一个新文件夹，并且文件夹下会有一个 __init__.py 文件，这个过程我们手动完成也是等价的，因为实际上包就是一个包含了__init__.py 和多个模块的文件夹。

不管自动还是手动，我们应该得到如图 17-3 所示的目录。

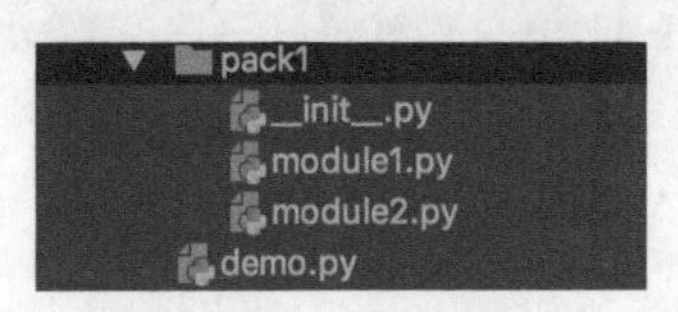

图 17-3　目录结构

其中__init__.py 的内容为：

```
# __init__.py

# 在包中，下面两种绝对导入写法效果相同，都是导入 module1
# import pack1.module1
# from pack1 import module1

# 这是相对导入
from . import module1
```

这里稍微有些不同的是，我们这里使用了相对导入，其中，代表从当前目录下寻找。

接下来是 module1.py：

```
# module1.py
print('module 1 enter')

def hello_world():
    print('hello world')


def module1_hello():
```

```
    print('hello from module 1')


print('module 1 exit')
```

module2.py 和 module1.py 的内容类似，只是其中的序号换成了 2：

```
# module2.py
print('module 2 enter')


def module2_hello():
    print('hello from module 2')


print('module 2 exit')
```

然后是 demo.py：

```
# demo.py
import pack1  # 导入包


pack1.module1.module1_hello()
```

最后我们直接执行 demo.py，可以得到这样的输出：

```
module 1 enter
module 1 exit
hello from module 1
```

这里要注意的是我们用 import 导入的是包并不是模块，所以我们还需要在调用的时候指定相应的模块。接下来我们重点分析 __init__.py 的内容以及一个包是被如何导入的。

17.3.3　打包与导入

相比正常的目录结构，包的目录下多了一个固定名字的文件 __init__.py，实际上这个文件指导了这个包被导入时候的动作，一般来说我们会在 __init__.py 中定义包含的模块、定义暴露的接口和进行一些初始化工作。

1. 定义包含的模块

包的导入过程就是执行一遍 __init__.py，因此用户导入包之后只能使用我们在 __init__.py 中导入的模块，所以我们需要定义哪些包是暴露给用户使用的。

这里要提到的是，一般来说我们倾向于在 __init__.py 中使用相对导入：

```
from . import module1
```

但是如果使用绝对导入也是可以的：

```
from pack1 import module1
```

或者也可以这么导入：

```
import pack1.module1
```

要注意的是我们没有导入 module2，这也就意味着在导入 pack1 的时候是不会导入 module2 的，因此我们可以正常访问 module1 中的函数但是不能以同样的方式访问 module2 中的函数：

```
# demo.py
import pack1

pack1.module1.module1_hello()

pack1.module2.module2_hello()  # 会报错!
```

这里调用 module2_hello 的时候会报错：NameError: name 'module2' is not defined，当然解决这个问题也很简单，我们只要手动导入 module3 就好了：

```
import pack1.module3

pack1.module3.module3_hello()  # 没问题
```

所以从这个小例子中我们还可以印证，包的导入过程实际上就是执行一遍 __init__.py 而已，并没有什么特殊的地方。

另外关于相对导入还要强调一点，那么就是使用相对路径导入的代码不能直接通过 Python 解释器执行，需要通过 import 导入或者“python –m 模块名”来作为模块使用，但是用相对导入的优点是即使改变了包名，内部的 __init__.py 依然不用做任何修改。

2. 定义接口

另外，在__init__.py 中很重要的一项工作是定义这个包要暴露哪些接口给用户，那就是使用__all__变量。

我们稍微修改一下__init__.py 为：

```
from . import module1

__all__ = [] # 这里赋值 __all__ 为一个空的 List
```

同时修改一下 demo.py 为：

```
from pack1 import *  # 注意这里改变了导入方式

module1.module1_hello()
```

这时候执行 demo.py 的话会发生错误：NameError: name 'module1' is not defined，这里就是上面定义的__all__在起作用了。

当 Python 导入包，遇到 * 的时候，就会按照__all__中定义的名称去查找，没有定义的函数、变量或者类就不会导入，当然如果没找到也会报异常。因此__all__的作用就是告诉 Python 解释器或者用户这个包有哪些接口。

当然如果我们不使用 * 导入包而是正常导入的话：

```
import pack1

pack1.module1.module1_hello()  # 依旧是没问题的
```

也就是说__all__只会对使用了*的导入起作用，它定义了包应该暴露的接口。

但是__all__变量本身是可选的，也就是说一个包并不一定必须有__all__被正确设置，所以使用 * 来导入是非常不推荐的。

3. 初始化

由于__init__.py 只会在包被导入时执行一次，因此我们可以趁这个时机对整个包做一些初始化，比如对于一个用来生成日志的包，可以在这个时候初始化时区等设置。

小结

模块和包都是对代码的进一步封装，可以减少重复代码并且使代码结构和依赖关系都更加清晰，同时我们应该记住模块导入的过程就是执行一遍模块的代码，但是__name__会有所不同，而包的导入就是执行一遍包目录下的__init__.py，这样我们才能对导入过程做到心中有数。

习题

1. 实现一个模块，用于生成指定长度的随机序列。
2. 寻找前面章节你认为你写得最好的代码，封装成一个包并调用。

第18章 实战2：微信聊天机器人

18 扫码看视频

小冰是微软公司推出的一个机器人，可以根据对话上下文和情景智能对话，同时还有提醒、百科、天气等功能，甚至还可以与物联网联合使用，只要在微信关注“微软小冰”公众号就可以开始体验。

是不是觉得聊天机器人很酷？本章会介绍如何利用 wxpy 来实现一个自己的微信聊天机器人。

wxpy

wxpy 是一个基于 itchat 和微信 WebAPI 的 Python 封装。其中 itchat 本身是一个对微信个人号接口封装的库，而 wxpy 在 itchat 的基础上，通过大量接口优化提升了模块的易用性，并且进行了丰富的功能扩展。

安装 wxpy 很简单，可以使用 pip 完成：

```
pip3 install wxpy
```

应用场景

wxpy 能完成什么工作？这里摘录一段官网文档的介绍。

- 控制路由器、智能家居等具有开放接口的“玩意儿”。
- 运行脚本时自动把日志发送到你的微信。
- 加群主为好友，自动拉进群中。
- 跨号或跨群转发消息。
- 自动陪人聊天。
- 逗人玩。
- ……。

接下来我们就学习一下如何写出我们自己的聊天机器人。

基本用法

之前提过，查阅文档永远是最好的学习方式，下面我们先看一看官方文档的介绍。

创建机器人

```
# 导入模块
from wxpy import *
# 初始化机器人，扫码登录
bot = Bot()
```

Bot 是 wxpy 的核心对象，它封装了所有微信网页版的操作。

给好友发送消息

首先我们需要搜索好友来生成好友对象：

```
# 搜索名称含有“游否“的男性深圳好友
my_friend = bot.friends().search('游否', sex=MALE, city="深圳")[0]
```

然后可以用这个对象发送消息：

```
# 发送文本给好友
my_friend.send('Hello WeChat!')
# 发送图片
my_friend.send_image('my_picture.jpg')
```

也可以响应各种消息：

```
# 打印来自其他好友、群聊和公众号的消息
@bot.register()
def print_others(msg):
    print(msg)

# 回复 my_friend 的消息（优先匹配后注册的函数!）
@bot.register(my_friend)
def reply_my_friend(msg):
    return 'received: {} ({})'.format(msg.text, msg.type)

# 自动接受新的好友请求
@bot.register(msg_types=FRIENDS)
def auto_accept_friends(msg):
    # 接受好友请求
    new_friend = msg.card.accept()
    # 向新的好友发送消息
    new_friend.send('哈哈，我自动接受了你的好友请求')
```

保持运行

最后我们需要调用相应的函数或者方法来让 bot 保持运行：

```
# 进入 Python 命令行、让程序保持运行
embed()

# 或者仅仅堵塞线程
# bot.join()
```

试一试

由于我们稍候是进入交互式命令行来收发消息，所以这里我们只要创建一个 wx.py，输入以下代码即可：

```
# 导入模块
```

```
from wxpy import *

# 初始化机器人，扫码登录
bot = Bot()

# 进入 Python 命令行、让程序保持运行
embed()
```

然后如图 18-1 所示，我们在命令行中输入 python3 wx.py 即可启动我们的机器人。

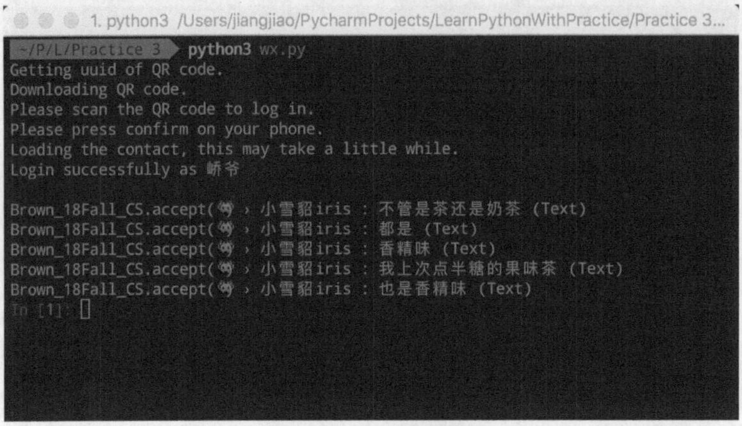

```
1. python3 /Users/jiangjiao/PycharmProjects/LearnPythonWithPractice/Practice 3...
~/P/L/Practice 3  python3 wx.py
Getting uuid of QR code.
Downloading QR code.
Please scan the QR code to log in.
Please press confirm on your phone.
Loading the contact, this may take a little while.
Login successfully as 峤爷

Brown_18Fall_CS.accept(👻 › 小雪貂iris : 不管是茶还是奶茶 (Text)
Brown_18Fall_CS.accept(👻 › 小雪貂iris : 都是 (Text)
Brown_18Fall_CS.accept(👻 › 小雪貂iris : 香精味 (Text)
Brown_18Fall_CS.accept(👻 › 小雪貂iris : 我上次点半糖的果味茶 (Text)
Brown_18Fall_CS.accept(👻 › 小雪貂iris : 也是香精味 (Text)
In [1]:
```

图 18-1　启动机器人

这里要注意的是，启动脚本后可以看到一个二维码，需要用手机扫码登录，这是因为 wxpy 其实本质上还是模拟微信 Web 端操作的，所以无法绕开二维码认证。

之后我们就进入了熟悉的 IPython 交互式解释器，但是这里跟直接启动不同的是，我们已经登录了微信，并且有一个 Bot 对象来模拟登录用户进行各种操作，比如图 18-2 所示列出了所有的朋友。

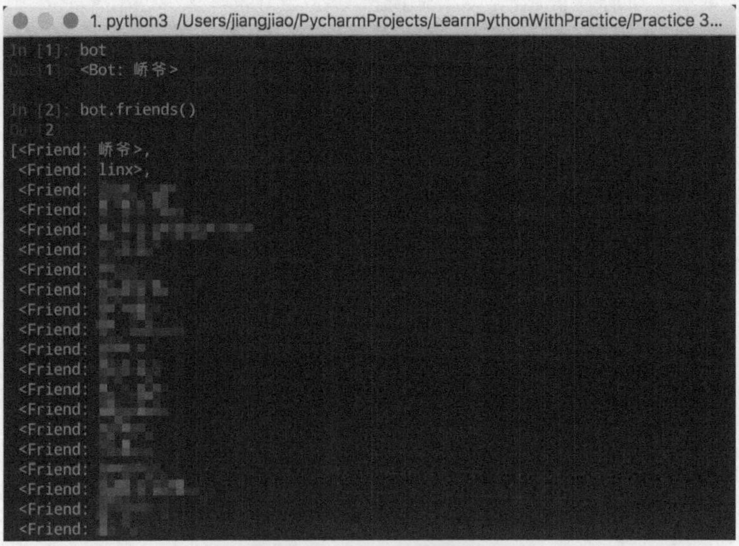

```
1. python3 /Users/jiangjiao/PycharmProjects/LearnPythonWithPractice/Practice 3...
In [1]: bot
Out[1]: <Bot: 峤爷>

In [2]: bot.friends()
Out[2]:
[<Friend: 峤爷>,
 <Friend: linx>,
 <Friend:
 <Friend:
 <Friend:
 <Friend:
 <Friend:
 <Friend:
 <Friend:
 <Friend:
 <Friend:
 <Friend:
 <Friend:
 <Friend:
 <Friend:
 <Friend:
 <Friend:
 <Friend:
 <Friend:
 <Friend:
```

图 18-2　列出所有好友

然后我们直接可以键入下面两行代码来给一位叫作 linx 的朋友发送消息：

```
# 搜索名称含有 "linx" 的好友
my_friend = bot.friends().search('linx')[0]

# 发送文本给好友
my_friend.send('Hello WeChat!')
```

如图 18-3 所示是发送的效果，可以看到我们在 IPython 中的操作切实地反应到了微信中，消息被成功发送给了好友。

但是除了主动发送消息，很多时候我们是希望机器人被动接收消息后返回相应的信息，所以我们可以在 IPython 里来为这位朋友注册相应的消息处理函数：

```
# 回复 my_friend 的消息
@bot.register(my_friend)
def reply_my_friend(msg):
    return 'received: {} ({})'.format(msg.text, msg.type)
```

这样我们只要收到 linx 的消息，就会自动返回发送的消息内容和类型，如图 18-4 所示。

图 18-3 微信端发出的消息

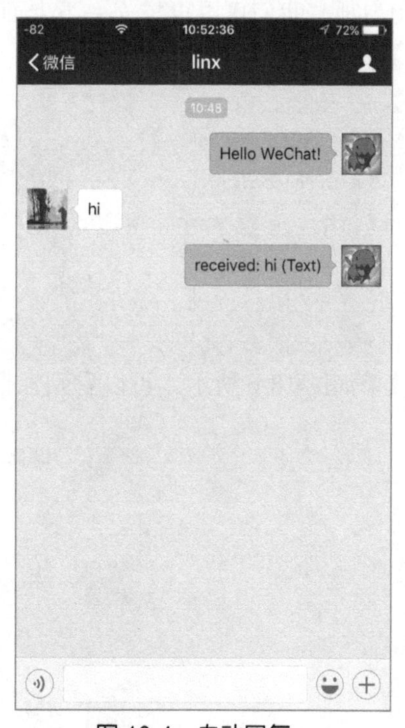

图 18-4 自动回复

当然，这部分是相当简单的，主要是用来熟悉 API，接下来我们就实现一些有趣的功能。

决定“吃啥”

有没有过在吃午饭的时候纠结今天吃什么？现在我们就可以让机器人来帮忙选择！只要对刚才监听朋友消息的函数稍加改动即可，比如：

```
@bot.register(my_friend)
def eat_what(msg):
    if msg.text != '吃啥':
        return
    return random.choice(('食堂', '麦当劳', '肯德基', '土'))
```

代码相当好理解，就是判断好友的消息是否为“吃啥”，如果不是就什么都不回，否则就在食堂、麦当劳、肯德基和土中随机选择一个回复，如图 18-5 所示。

图 18-5 “吃啥”

当然，如果继续发“吃啥”还会得到随机的回复。

关键词回复

类似地，我们可以再扩充一下上面的代码来对关键词回复，比如：

```
@bot.register(my_friend)
def keyword(msg):
    if msg.text == '吃啥':
        return random.choice(('食堂', '麦当劳', '肯德基', '土'))
    elif msg.text.startswith('有人'):
        return '没有'
    elif '开心吗' in msg.text:
        return '开心'
```

效果如图 18-6 所示，可以看到根据关键词的不同机器人的回复是不一样的。

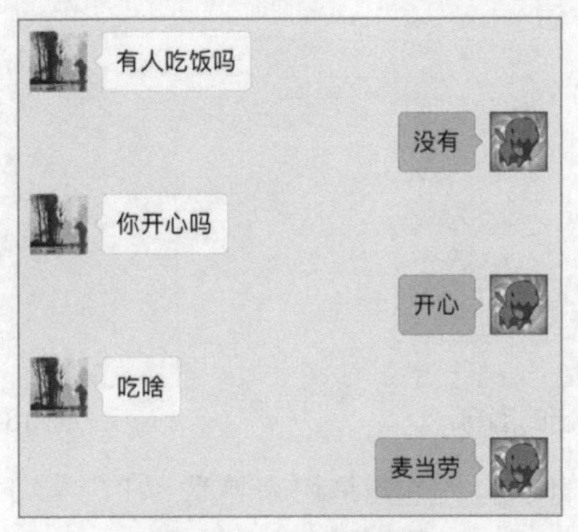

图 18-6 关键词回复

智能聊天

当然上面这种回复是完全手工预设的，对于小冰那种智能聊天的功能，虽然用我们现有的知识无法实现，但是我们可以“站在巨人的肩膀上”——利用别人提供的现成 API。

这里给大家介绍一个智能聊天的Web API网站：http://api.qingyunke.com，它提供的功能有：天气、翻译、藏头诗、笑话、歌词、计算、域名信息/备案/收录查询、IP 查询、手机号码归属、人工智能聊天等。

它的 HTTP 接口格式如表18-1所示。

表18-1　接口格式

参　数	解　释
key	固定参数 free
appid	设置为0，表示智能识别，可忽略此参数
msg	关键词，请参考下方参数示例，该参数可智能识别，该值请经过 urlencode 处理后再提交

也就是说我们直接请求“http://api.qingyunke.com/api.php?key=free&appid=0&msg=消息”就可以得到回复内容。而且由于它实际上是基于 HTTP 协议的，所以我们在浏览器中直接打开这个网址就可以获得结果：

```
{"result":0,"content":"聽日休息？"}
```

得到的内容实际上是一个JSON（一种轻量级的数据交换格式），它的结构如表18-2所示。

表18-2　返回数据的结构

字　段	解　释
result	状态，0表示正常，其他数字表示错误
content	信息内容

但是我们的机器人应该是自动化操作的，所以这里我们需要有一个库来帮助我们模拟“打开浏览器访问网址”的过程。这里我们采用的是requests库，同样是利用pip来安装它：

```
pip3 install requests
```

除了requests我们还需要使用json库来处理返回的消息，所以我们还需要导入这两个库：

```
import requests # 模拟请求
import json     # 解析数据
```

按照接口文档，代码如下：

```
@bot.register(my_friend)
def reply_my_friend(msg):
    # 构造请求 URL
    url = "http://api.qingyunke.com/api.php?key=free&appid=0&msg=" + msg.text
    # 获取内容
    result = requests.get(url)
    # 使用 json 解析
    result = json.loads(result.text)
    # 返回内容
    return result["content"].replace('{br}', '\n')
```

首先构造要请求的 URL，然后直接用 requests.get 方法就可以发出请求，返回的结果中 text 属性保存的就是我们要的消息，这里把它传入 json 模块的 loads 方法后就可以将 JSON 转为 Python 内置的 Dict 和 List，最后根据文档中的描述，对换行进行处理后就可以发给好友了。

这里为了简单起见我们忽略了结果中的 result 字段，如果要提高程序的健壮性，应该对 result 字段的值按照文档中描述进行判断处理。

最后我们在微信中就可以看到如图 18-7 和图 18-8 所示的聊天效果了。

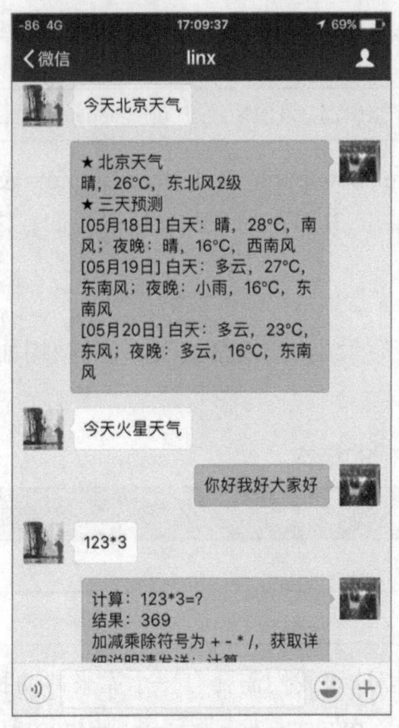

图 18-7　智能聊天 1

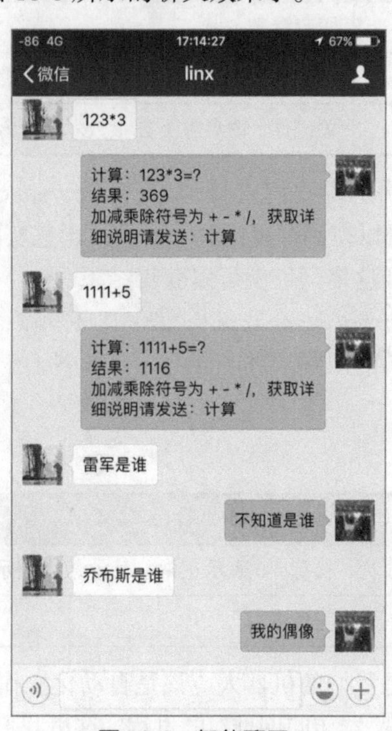

图 18-8　智能聊天 2

完整代码

最后是完整的代码：

```
from wxpy import *
import requests
import json

bot = Bot()
my_friend = bot.friends().search('linx')[0]  # 这里的 linx 为好友的名字


@bot.register(my_friend)
def reply_my_friend(msg):
    # 构造请求 URL
    url = "http://api.qingyunke.com/api.php?key=free&appid=0&msg=" + msg.text
    # 获取内容
```

```
    result = requests.get(url)
    # 使用 json 解析
    result = json.loads(result.text)
    # 返回内容
    return result["content"].replace('{br}', '\n')

embed()
```

当然，除了 wxpy 导入语句、机器人初始化和进入命令行的代码以外，其余代码都可以在 IPython 中直接输入完成，随时添加和删除机器人功能，也可以利用交互式解释器方便地调试。

不算空行和注释行，我们只用了 12 行代码就实现了一个微信机器人，是不是再一次感受到了 Python 的简洁和优美？另外通过 wxpy 的接口我们还能实现很多有意思的功能，可以说是只有想不到，没有做不到！

小结

本章介绍了如何写出自己的微信聊天机器人，由于 wxpy 优美的封装，因此定制自己的机器人变得异常简单。同时我们还简单学习了如何接入现有的 API 等。这里 wxpy 将 Python 和日常实用的微信绑定到了一起，只要是能用 Python 实现的功能，我们都可以适当地把它接入到 wxpy 中，这样就可以用微信快速访问这些功能。

习题

通过 wxpy 我们可以实现非常多有趣的功能，这里只是抛砖引玉，提供一些想法。

1．每天早上对一个人发一句早上好。
2．统计微信好友的男女比例和所在地区的分布，使用 PyEcharts 进行可视化。
3．定时检测天气，如果发现有雨，则提醒某人带伞。
4．如果有常开机的设备，通过微信检查工作状况。
5．通过微信开关灯，调节亮度。
6．通过微信控制空调等设备。
7．通过微信获得家中的温度湿度。

参 考 文 献

[1] 黑马程序员．Python 快速编程入门[M]．北京：人民邮电出版社，2017．

[2] Mark Lutz，Learning Python，Fourth Edition[M]．李军，刘红伟译．北京：机械工业出版社，2011．

[3] 韦玮．Python 程序设计基础实战教程[M]．北京：清华大学出版社，2018．

[4] 小甲鱼．零基础入门学习 Python[M]．北京：清华大学出版社，2016．